军队高等教育自学考试教材
计算机信息管理专业(专科)

军事信息系统管理与运用

李志远　袁春霞　孙燕明　主编

国防工業出版社
·北京·

内 容 简 介

本书是信息系统管理方面的教材。全书共9章,可分为三大部分,全面介绍了军事信息系统管理与运用方面的知识。第一部分为第一章讲述了军事信息系统管理的基本概念以及军事信息系统管理的内容、特点和方法。第二部分包括第二~六章,主要讲述了军事信息系统管理方面的内容,包括组织管理、数据管理、安全管理、标准化管理以及信息资源的管理。第三部分包括第七~九章,主要讲述了军事信息系统的信息采集与数据运用,系统运行效能评估以及用户支持与维护。

本书结构合理、思路清晰,内容系统全面,叙述方式由浅入深,理论和实践结合紧密,可以作为高等教育自学考试中计算机信息管理专业(专科)的教材或教学参考书,也可供军事信息系统的管理者和使用者阅读参考。

图书在版编目(CIP)数据

军事信息系统管理与运用/李志远,袁春霞,孙燕明主编.—北京:国防工业出版社,2019.11

ISBN 978-7-118-11997-8

Ⅰ.①军… Ⅱ.①李… ②袁… ③孙… Ⅲ.①军事—信息系统 Ⅳ.①E919

中国版本图书馆CIP数据核字(2019)第257954号

※

国防工业出版社出版发行

(北京市海淀区紫竹院南路23号 邮政编码100048)

三河市腾飞印务有限公司印刷

新华书店经售

*

开本 787×1092 1/16 **印张** 12¼ **字数** 272千字

2019年11月第1版第1次印刷 **印数** 1—4000册 **定价** 49.00元

(本书如有印装错误,我社负责调换)

国防书店:(010)88540777　　发行邮购:(010)88540776

发行传真:(010)88540755　　发行业务:(010)88540717

本册编审人员

主　编　李志远　袁春霞　孙燕明

副主编　徐莎莎　魏　强　凌艳香　刘明星

编　写　王志国　张清辉　姜　晨　杨　娟　贺岳星

前 言

当今世界，以信息技术为核心的高新技术迅猛发展，信息化战争成为现代战争的主要形态，对军队现代化建设提出新要求、新挑战。党的“十九大”报告中明确提出国防和军队建设的阶段性目标：“确保到二〇二〇年基本实现机械化，信息化建设取得重大进展；力争到二〇三五年基本实现国防和军队现代化，到本世纪中叶把人民军队全面建成世界一流军队”。学习贯彻“十九大”精神，加速推进我军现代化建设阶段性目标实现，要求我们发挥理论的先导和引领作用，聚集信息化建设新阶段中的新技术、新领域、新业务，深入揭示军队信息化建设和作战的基本规律。

军事信息系统建设是军队信息化建设的先行领域。军事信息系统极大延伸了人对战场信息的感知能力、对武器平台的控制能力，对形成和提高体系作战能力具有基础支撑作用。深入学习军事信息系统的基本理论知识，提高对军事信息系统的认识理解和驾驭运用能力，对于以军事信息系统建设为突破口构建我军新型作战体系、推进我军信息化建设科学发展具有重大而深远的意义。

军事信息系统管理与运用是高等教育自学考试计算机信息管理（专科）考试计划中规定的必考专业教育课程，本课程的设置目的是为了培养考生综合运用所学的管理、系统科学与军事信息技术等知识的能力，认识军事信息系统、军事信息系统管理与运用的内涵和特点，使学员理解军事信息系统管理对军队信息化建设与发展的战略意义与重要作用，掌握军事信息系统管理与运用的基本理论、基本方法与基本技能。该课程是更新军事信息系统管理类专业人才知识结构，提高军事信息系统综合管理能力的重要教学环节。

本书是军事信息系统管理与运用课程的教材。全书共分为9章：

第一章为绪论，主要讲述军事信息系统的概念、组成、功能、作用，军事信息系统管理的概念、定义、作用、职能、特点、方法和内容，以及军事信息系统运用的基本任务、基本特点以及主要内容。

第二章为军事信息系统组织管理，主要讲述组织管理的概念、产生发展及工作内容，军事信息系统组织管理的主要内容以及军事信息系统人员保障、各类人员的训练以及各类人员的组织管理。

第三章为军事信息系统数据管理，主要讲述与军事信息系统数据管理技术相关的知识，包括数据库管理的基本概念，关系型数据识图的相关知识，基于 Oracle 数据库管理的相关内容，SQL 语言方面的知识以及 Oracle 数据库维护操作。

第四章为军事信息系统网络管理，主要讲述网络基础知识，军事信息系统网络管理基本概念，并以常用的 H3C 网络管理系统为例，介绍了我军常使用的网络管理系统。

第五章为军事信息系统安全管理，主要讲述军事信息系统存在的安全威胁、安全管理的基本要素以及安全管理原则；阐述了安全管理的关键技术，包括防火墙与 VPN 技术、数据加密技术、安全认证技术以及容灾备份；最后介绍了军事信息系统安全管理的保障措施。

第六章为军事信息系统标准化管理，主要讲述了标准化的基本概念，介绍了军事信息系统标准管理的基本内容，并讲述了军事信息系统标准化管理的主要方法。

第七章为军事信息系统信息采集与数据运用，主要介绍了信息采集与的概念、特性及分类，讲述了信息采集与处理的基本理论，介绍了文本、图像、音频及视频等信息的采集与处理方法以及 Web 信息采集。同时介绍了军事信息系统数据运用的方法。

第八章为军事信息系统运行效能评估，主要介绍了军事信息系统运行效能评估的含义、目的和作用，讲述了系统运行效能评估的主要指标，阐述了军事信息系统运行交通评估的一般原则、实施流程和常用方法。

第九章为军事信息系统用户支持与维护，主要介绍了用户支持的概念、范围和内容，讲述了军事信息系统的用户服务分类、特点和意义，阐述了军事信息系统维护的主要内容。

参与本书编写的作者，都是长期工作在计算机教学科研一线的计算机专业教师，具有丰富的教学经验。本书由李志远、袁春霞和孙燕明同志担任主编，徐莎莎、魏强、凌艳香和刘明星同志担任副主编。其中，第一章和第二章由袁春霞同志编写，第三章由孙燕明同志编写，第四章由徐莎莎同志编写，第五章由李志远同志编写，第八章由凌艳香和刘明星同志编写，第六章、第七章和第九章由王志国、张清辉、姜晨、杨娟和贺岳星同志编写。

本书在编写过程中参考了国内外本领域的一些重要著作、教材和学术论文，在此对这些著作人表示衷心感谢！感谢多位专家教授提供了大量参考资料和具体指导，使教材逻辑体系更趋合理。军事信息系统管理与运用是一个发展中的综合性研究领域，涉及面广，技术复杂，编者受水平所限，书中难免有不足之处，恳请广大读者批评指正。

编　者

2019 年 1 月

目　录

军事信息系统管理与运用自学考试大纲

Ⅰ. 课程性质与课程目标 …… 3
Ⅱ. 考核目标 …… 4
Ⅲ. 课程内容与考核要求 …… 4
Ⅳ. 实验环节 …… 11
Ⅴ. 关于大纲的说明与考核实施要求 …… 12
附录　题型举例 …… 14

第一章　绪　　论

第一节　军事信息系统相关知识 …… 15
　一、信息 …… 15
　二、信息系统 …… 16
　三、军事信息系统 …… 17
第二节　军事信息系统管理 …… 19
　一、军事信息系统管理的定义、意义及职能 …… 19
　二、军事信息系统管理的特点 …… 21
　三、军事信息系统管理的方法 …… 22
　四、军事信息系统管理的主要内容 …… 23
第三节　军事信息系统运用 …… 25
　一、军事信息系统运用的基本任务 …… 25
　二、军事信息系统运用的基本特点 …… 25
　三、军事信息系统运用的主要内容 …… 26
本章小结 …… 26
作业题 …… 26

第二章 军事信息系统组织管理

第一节 组织管理 …… 28
一、组织管理的概念 …… 28
二、组织管理的产生与发展 …… 28
三、组织管理的工作内容 …… 29
第二节 军事信息系统组织管理的主要内容 …… 29
一、制定信息系统组织的方案和计划 …… 29
二、合理进行军事信息系统的编组 …… 30
三、合理进行军事信息系统的配置 …… 30
四、制定信息系统使用原则 …… 31
第三节 军事信息系统的人员管理 …… 31
一、军事信息系统的人员保障 …… 32
二、军事信息系统各类人员的训练 …… 33
三、军事信息系统各类人员的组织管理 …… 33
本章小结 …… 33
作业题 …… 34

第三章 军事信息系统数据管理

第一节 数据库管理的基本概念 …… 35
一、数据管理概念及发展 …… 35
二、数据库技术 …… 37
三、数据库系统的组成 …… 39
第二节 关系型数据库 …… 39
一、数据模型概述 …… 39
二、关系型数据库 …… 42
三、数据库的设计范式 …… 43
四、常见关系数据库管理系统 …… 44
第三节 Oracle 数据管理 …… 45
一、Oracle 数据库简介 …… 45
二、Oracle 管理工具的使用 …… 50
三、Oracle11g 的安装与卸载 …… 53
四、Oracle11g 数据库服务器配置 …… 56
五、SQL 语言介绍及基础知识 …… 60
六、SQL 数据定义语言 …… 60
七、SQL 数据控制语言 …… 62
八、SQL 数据操纵语言 …… 63
九、视图和存储过程的使用 …… 65

第四节　数据备份与恢复 …… 67
一、使用 OEM 导出与导入数据 …… 67
二、使用 EXP/IMP 导出与导入数据 …… 69
三、使用 EXPDP/IMPDP 导出与导入数据 …… 71
第五节　Oracle 数据库的管理与维护 …… 75
一、用户管理 …… 75
二、数据库的运行监控 …… 80
三、计划任务的自动化 …… 82
本章小结 …… 83
作业题 …… 84

第四章　军事信息系统网络管理

第一节　网络基础知识 …… 86
一、网络基本概念、分类及组成 …… 86
二、网络硬件知识 …… 87
三、计算机网络协议 …… 88
第二节　军事信息系统网络管理基本概念 …… 92
一、军事信息系统网络管理的功能 …… 92
二、军事信息系统常用网络管理协议 …… 95
三、军事信息系统常用网络管理方法及工具 …… 98
第三节　H3C 军事信息系统网络管理系统 …… 99
一、H3C iMC 网络管理系统介绍 …… 99
二、H3C iMC 网络管理系统功能 …… 101
三、H3C iMC 网络管理系统安装及部署 …… 104
本章小结 …… 105
作业题 …… 106

第五章　军事信息系统安全管理

第一节　军事信息系统安全管理概述 …… 108
一、军事信息系统存在的安全威胁 …… 108
二、军事信息系统安全的基本要素 …… 109
三、军事信息系统安全管理原则 …… 109
第二节　军事信息系统安全管理的关键技术 …… 110
一、防火墙与 VPN 技术 …… 110
二、数据加密技术 …… 111
三、安全认证技术 …… 111
四、访问控制技术 …… 112

五、容灾备份技术 …… 113
第三节　军事信息系统安全管理的保障措施 …… 113
一、健全军事信息系统安全管理组织机构 …… 114
二、加强军事信息系统安全管理力量建设 …… 114
三、建立立体综合的安全管理体系结构 …… 115
本章小结 …… 116
作业题 …… 116

第六章　军事信息系统标准化管理

第一节　标准化理论 …… 117
一、标准化的基本概念 …… 117
二、军用标准化 …… 117
三、标准化原理 …… 118
第二节　军事信息系统标准化管理基本内容 …… 120
一、对标准的管理 …… 120
二、标准化审查 …… 120
三、工程建设中的标准化管理 …… 120
第三节　军事信息系统标准化管理的主要方法 …… 121
一、超前标准化管理 …… 121
二、全面标准化管理 …… 122
三、全过程标准化管理 …… 122
四、综合标准化管理 …… 122
本章小结 …… 123
作业题 …… 123

第七章　军事信息系统信息采集与数据运用

第一节　军事信息系统信息采集与处理 …… 124
一、军事信息系统信息采集与处理内容 …… 124
二、军事信息系统信息采集与处理方法 …… 125
三、军事信息系统信息采集与处理基本流程 …… 126
第二节　军事信息系统信息采集具体内容 …… 127
一、文本信息采集 …… 127
二、图像信息采集 …… 132
三、音频及视频信息采集 …… 136
四、Web 信息采集 …… 138
第三节　军事信息系统数据运用 …… 140
一、联机分析处理 …… 140
二、数据挖掘 …… 143
三、数据仓库 …… 146

四、数据可视化 …… 147
五、图表生成 …… 148
六、报表自动化 …… 152
本章小结 …… 153
作业题 …… 153

第八章　军事信息系统运行效能评估

第一节　军事信息系统运行效能评估概述 …… 155
一、系统运行效能评估的含义 …… 155
二、系统运行效能评估的目的 …… 156
三、系统运行效能评估的作用 …… 156
第二节　军事信息系统效能评估的主要指标 …… 157
一、准确度指标 …… 157
二、基于排序加权的指标 …… 158
三、覆盖率指标 …… 159
四、多样性和新颖性 …… 159
第三节　军事信息系统运行效能评估原则与实施 …… 160
一、系统运行效能评估的一般原则 …… 160
二、系统运行效能评估的实施流程 …… 160
三、系统运行效能评估常用方法 …… 161
本章小结 …… 163
作业题 …… 163

第九章　军事信息系统用户支持与维护

第一节　用户支持 …… 165
一、用户支持的概念 …… 165
二、用户支持的范围和内容 …… 165
第二节　军事信息系统用户服务 …… 166
一、军事信息系统用户服务分类及特点 …… 166
二、军事信息系统用户服务的意义 …… 170
第三节　军事信息系统维护的主要内容 …… 170
一、改正性维护 …… 171
二、适应性维护 …… 171
三、完善性维护 …… 171
四、预防性维护 …… 171
五、支援性维护 …… 172
本章小结 …… 172
作业题 …… 172
参考文献 …… 174
作业题参考答案 …… 175

军队高等教育自学考试

计算机信息管理专业(**专科**)

军事信息系统管理与运用
自学考试大纲

Ⅰ. 课程性质与课程目标

一、课程性质与特点

军事信息系统管理与运用是高等教育自学考试计算机信息管理（专科）考试计划中规定的必考专业教育课程，本课程的设置目的是为了使考生掌握军事信息系统管理的基本理论、基本方法与基本技能，认识军事信息系统及其管理的内涵和特点，理解军事信息系统管理对军队信息化建设与发展的战略意义与重要作用，为日后在工作中使用军事信息系统储备知识，奠定坚实理论基础。

二、课程目标

通过本课程的学习，考生应达到以下目标。

（1）掌握信息、信息系统和军事信息系统的概念和特点；掌握军事信息系统管理的定义、意义和职能，理解军事信息系统运用的特点、方法和主要内容。

（2）了解组织相关知识；理解军事信息组织管理的主要内容；了解军事信息系统的人员管理的相关内容。

（3）理解数据库的相关概念；了解 Oracle；会使用 Oracle 的管理工具；会使用 SQL 语句；会进行数据库的备份还原及数据导入导出。

（4）理解网络基础知识；会对军事信息系统网络进行管理及设置；理解 H3C iMC 网络管理系统及其安装和部署。

（5）了解军事信息系统面临安全威胁的内容；理解军事信息系统安全的基本要素；掌握军事信息系统安全管理的关键技术相关概念；能建立军事信息系统安全管理的保障措施。

（6）掌握标准化的基本知识；理解军事信息系统标准化管理的基本内容；了解军事信息系统标准化管理的主要方法。

（7）了解军事信息系统中信息采集与处理的相关概念；理解信息采集与处理的基本过程；掌握各类信息采集与处理的方法；了解联机分析处理、数据挖掘、数据仓库和数据可视化的基本概念；掌握图标生成的方法；了解报表自动化的基本概念。

（8）了解系统效能评估的含义、目的和作用，理解评估的主要指标含义，熟悉系统效能评估的一般原则和实施流程并掌握效能评估的常用方法。

（9）了解用户支持的概念，范围、内容、分类和特点；了解系统维护的分类和主要内容。

三、与相关课程的联系与区别

本课程的学习需要考生具备计算机应用技术、数据库技术、计算机网络以及管理信息系统等基础知识。因此，考生在学习本课程之前最好先完成管理信息系统、计算机与网络技术基础、计算机应用技术以及管理系统中计算机应用等课程的学习。作为专业教育课，本课程是其他一些专业课程的基础,如军队信息化建设与管理和战场信息管理。

四、课程的重点和难点

本课程的重点是数据管理、信息采集与处理以及军事信息系统运行效能评估等;难点是军事信息系统运用效能的评估。

Ⅱ. 考 核 目 标

本大纲在考核目标中,按照识记、领会和应用3个层次规定其应达到的能力层次要求。3个能力层次是递升的关系,后者必须建立在前者的基础上。各能力层次的含义如下。

识记(Ⅰ):要求考生能够识别和记忆本课程中有关军事信息系统管理的概念性内容(例如,信息系统和数据库的相关术语、定义、特点、组成等),并能够根据考核的不同要求,做出正确的表述、选择和判断。

领会(Ⅱ):要求考生能够领悟军事信息系统管理的基本概念、基本原理,理解军事信息系统管理的内涵,并能够根据考核的不同要求,做出正确的推断、描述和解释。

应用(Ⅲ):要求考生根据已知的军事信息系统管理与运用的基本概念、基本原理等基础知识,分析和解决应用问题,例如,数据管理、运行效能评估、信息采集和处理等。

Ⅲ. 课程内容与考核要求

第一章　绪　　论

一、学习目的与要求

本章的学习目的是要求考生能够理解军事信息系统的相关概念和知识,包括信息的相关概念、信息系统的相关概念以及军事信息系统的概念、功能和作用;了解军事信息系统管理的基本概念、内容、特点和方法;理解军事信息系统运用的基本任务、特点和主要内容。

二、课程内容

(1) 军事信息系统相关知识。

(2) 军事信息系统管理。

(3) 军事信息系统运用。

三、考核内容与考核要求

(1) 军事信息系统相关知识。

识记:信息的定义;信息系统的功能;军事信息系统的功能。

领会:信息的特性;信息系统的发展;军事信息系统的作用。

(2) 军事信息系统管理。

识记:军事信息系统管理的定义、职能和方法。

领会:军事信息系统管理的意义、特点、方法和内容。

(3) 军事信息系统运用。

识记:军事信息系统运用的基本任务、特点。

领会:军事信息系统运用的主要内容。

四、本章重点、难点

本章重点是信息的定义、特点,信息系统的功能,军事信息系统的功能和作用;军事信息系统管理的定义、职能、方法、意义、特点、方法和内容;军事信息系统运用的基本任务、特点和主要内容。难点是军事信息系统管理与运用的内容。

第二章 军事信息系统组织管理

一、学习目的与要求

本章的学习目的是要求考生能够理解军事信息系统的组织管理方面的知识,首先要了解组织相关知识,然后理解军事信息组织管理的主要内容,最后了解军事信息系统的人员管理的相关内容。

二、课程内容

(1) 信息系统与组织。

(2) 军事信息系统组织结构。

(3) 军事信息系统组织管理。

三、考核内容与考核要求

(1) 组织管理。

识记:组织管理的概念。

领会:组织管理的工作内容。

(2) 军事信息系统组织管理的主要内容。

领会:军事信息组织管理的相关内容。

(3) 军事信息系统的人员管理。

领会:军事信息系统人员管理的内容和方法。

四、本章重点、难点

本章重点是组织管理的概念和工作内容,军事信息系统组织管理的主要内容。难点是理清组织管理的各项活动。

第三章　军事信息系统数据管理

一、学习目的与要求

本章的学习目的是要求考生能够掌握与军事信息系统数据管理相关的知识，包括理解数据库的相关概念；了解 Oracle；会使用 Oracle 的管理工具；会使用 SQL 语句；会进行数据库的备份还原及数据导入导出。

二、课程内容

(1) 数据库的相关概念。

(2) Oracle 的使用。

三、考核内容与考核要求

(1) 数据库的相关概念。

识记：数据、数据库、数据库系统、数据库管理系统的概念。

领会：数据库、数据库系统、数据库管理系统三者的关系；概念模型；逻辑模型；物理模型。

(2) Oracle 的使用。

识记：SQL 各主要语句的语法格式；数据库备份还原的概念。

领会：Oracle 的主要功能；SQL 各主要语句的语义；数据库备份还原。

应用：Oracle 管理工具；用 SQL 语句管理数据库；进行数据库备份还原；数据导入和导出。

四、本章重点、难点

本章重点是数据库的相关概念；Oracle 的使用；SQL 语句的使用；数据库备份还原；数据导入和导出。难点：SQL 语句的灵活使用。

第四章　军事信息系统网络管理

一、学习目的与要求

本章的学习目的是要求考生能够了解军事信息系统中网络管理的相关知识，包括理解网络基础知识；会对军事信息系统网络进行管理及设置；理解 H3C iMC 网络管理系统及其安装和部署。

二、课程内容

(1) 网络基础知识。

(2) 军事信息系统网络设置。

(3) H3C iMC 网络管理系统。

三、考核内容与考核要求

(1) 网络基础知识。

识记：计算机网络的概念；计算机网络的分类；计算机网络的结构。

领会：计算机网络的功能或作用。

(2) 军事信息系统网络设置。

识记:IP 地址;DHCP。

领会:IP 设置;局域网共享设置。

(3) H3C iMC 网络管理系统。

识记:H3C iMC 网络管理系统;H3C iMC 网络管理系统的功能。

领会:H3C iMC 网络管理系统的安装和部署。

四、本章重点、难点

本章重点是网络的相关概念;计算机网络的结构;IP 设置方法和网络共享设置;H3C iMC 网络管理系统概念;H3C iMC 网络管理系统功能。难点是局域网共享设置、H3C iMC 网络管理系统的安装和部署。

第五章　军事信息系统安全管理

一、学习目的与要求

本章的学习目的是要求考生能够了解军事信息系统面临安全威胁的内容,理解军事信息系统安全的基本要素,掌握军事信息系统安全管理的关键技术相关概念,并能建立军事信息系统安全管理的保障措施。

二、课程内容

(1) 军事信息系统安全的基本要素。

(2) 军事信息系统安全管理的关键技术。

(3) 军事信息系统安全管理的保障措施。

三、考核内容与考核要求

(1) 军事信息系统安全基本要素。

识记:军事信息系统安全的五个基本要素。

领会:对军事信息系统实施攻击的主要手段和形式。

(2) 军事信息系统安全管理的关键技术。

识记:防火墙与 VPN 概念;数据加密的概念;安全认证技术。

领会:防火墙与 VPN、加密技术的功能作用。

(3) 军事信息系统安全管理的保障措施。

识记:军事信息系统使用单位安全管理机构的职能;军事信息系统人员的安全管理包含主要内容。

领会:军事信息系统安全管理的重点。

四、本章重点、难点

本章重点是军事信息系统安全管理的关键技术的概念和原理,以及军事信息系统安全管理的保障措施。难点是掌握防火墙、加密和安全认证三大关键技术在安全管理中的运用,以及军事信息系统安全管理重点。

第六章　军事信息系统标准化管理

一、学习目的与要求

本章的学习目的是要求考生能够掌握标准化的基本知识,理解军事信息系统标准化管理的基本内容,了解军事信息系统标准化管理的主要方法。

二、课程内容

(1) 标准化理论。

(2) 军事信息系统标准化管理基本内容。

(3) 军事信息系统标准化管理的主要方法。

三、考核内容与考核要求

(1) 标准化理论。

识记:标准的定义;标准化的定义;军用标准化的概念和基本任务。

领会:军用标准化的原则;标准化原理。

(2) 军事信息系统标准化管理的基本内容。

识记:对标准的管理、标准化审查的内容。

领会:标准化管理的内容。

(3) 军事信息系统标准化管理的主要方法。

领会:标准化管理的主要方法。

四、本章重点、难点

本章标准以及标准化的定义;军用标准化的概念、基本任务和原则;标准化原理;军事信息系统标准化管理的基本内容;军事信息系统标准化管理的主要方法。难点:军事信息系统标准化管理的方法。

第七章　军事信息系统信息采集与数据运用

一、学习目的与要求

本章的学习目的是要求考生能够了解军事信息系统中信息采集与处理的相关概念,理解信息采集与处理的基本过程;掌握文本信息采集与处理的方法;掌握图像信息采集与处理的方法;掌握音频信息采集与处理的方法;掌握视频信息采集与处理的方法;联机分析处理的基本概念;数据挖掘的基本概念;数据仓库的基本概念;数据可视化的基本概念;图标生成的方法;报表自动化的基本概念。

二、课程内容

(1) 信息采集与处理概述。

(2) 文本信息采集与处理。

(3) 图像信息采集与处理。

(4) 音频信息采集与处理。

(5) 视频信息采集与处理。

(6) 联机分析处理、数据挖掘、数据仓库、数据可视化的基本概念。

(7) 图表生成的方法。

(8) 报表自动化的基本概念。

三、考核内容与考核要求

(1) 信息采集与处理概述。

识记:信息的概念及形态;信息作用及特性;信息与数据关系;信息采集的内容。

领会:信息采集的方法;信息采集的方式;信息处理技术。

(2) 文本信息采集与处理。

识记:文本信息概念;文本的编码;文本的获取方法。

领会:文本的输入法;文字处理软件;OCR 文本信息采集;PDF 文本信息采集与处理及其他文本信息采集与处理。

应用:PDF 文字识别和文档转换。

(3) 图像信息采集与处理。

识记:图像信息的内容和特点;存储介质。

领会:图像信息采集方法;常用图像信息处理工具;主流图像处理工具。

应用:Photoshop 软件的图像处理。

(4) 音频信息采集与处理。

识记:音频信息处理基础知识。

领会:音频信息的采集与获取方法;典型音频信息处理软件。

应用:GoldWave 音频处理。

(5) 视频信息采集与处理。

识记:视频信息及处理基础。

领会:视频信息的采集;视频信息的处理;制作影片。

应用:会声会影软件的使用。

(6) 联机分析处理、数据挖掘、数据仓库、数据可视化。

识记:联机分析处理、数据挖掘、数据仓库、数据可视化的基础知识。

领会:联机分析处理、数据挖掘、数据仓库、数据可视化的特点。

(7) 图表生成的方法。

识记:图表生成的方法。

领会:每个方法的基本概念和特点。

(8) 报表自动化。

识记:报表自动化的定义。

领会:报表自动化的基本知识。

四、本章重点、难点

本章重点是军事信息系统中信息采集与处理的相关概念;文本信息、图像信息、音频信息、视频信息采集与处理的方式和方法;联机分析处理、数据挖掘及数据可视化应。难点:图像和视频信息的处理。

第八章 军事信息系统运行效能评估

一、学习目的与要求

本章的学习目的是要求考生能够理解军事信息系统运用效能评估的方法。了解系统效能评估的含义、目的和作用,理解评估的主要指标含义,熟悉系统效能评估的一般原则和实施流程并掌握效能评估的常用方法。

二、课程内容

(1) 系统效能评估概述。

(2) 系统效能评估的主要指标。

(3) 评估一般原则、实施流程以及常用方法。

三、考核内容与考核要求

(1) 系统效能评估概述。

识记:系统进行效能评估的基本含义和目的。

领会:系统进行效能评估所起的作用。

(2) 系统效能评估的主要指标。

识记:各主要指标的定义和作用。

领会:如何对各指标进行评估。

(3) 评估一般原则、实施流程以及常用方法。

识记:军事信息系统运行效能评估的原则和观点,包括注意事项。

领会:评估的实施流程中各个环节的输出要点。

应用:针对不同的评估对象提出了合适的效能评估方法。

四、本章重点、难点

本章重点是利用数据可视化对军事信息系统运用效能进行评估;难点:针对不同的评估对象应该应用何种效能评估方法。

第九章 军事信息系统用户支持与维护

一、学习目的与要求

本章的学习目的是要求考生能够了解军事信息系统的用户支持和系统维护功能,包括用户支持的概念,范围、内容、分类和特点,系统维护的分类和主要内容。

二、课程内容

(1) 军事信息系统用户支持。

(2) 军事信息系统维护。

三、考核内容与考核要求

(1) 军事信息系统用户支持。

识记:用户咨询、用户反馈、用户培训以及增加需求的内容。

领会:理解军事信息系统用户支持的意义。

(2) 军事信息系统维护。

识记:系统维护不同的维护内容。

领会:理解军事信息系统软件维护的意义。

四、本章重点、难点

本章重点是理解通过用户咨询、帮助服务台、用户培训和用户反馈等方式提供军事信息系统的用户支持服务。难点:军事信息系统用户支持的实施。

Ⅳ. 实 验 环 节

一、类型

课程实验。

二、目的与要求

通过上机实验加深对课程内容的理解,提高军事信息系统的管理和运用能力,全面掌握所学知识。

要求能够运用数据管理技术进行数据的操作、备份还原、导入导出;能够使用文本、图像、音频、视频处理工具进行数据采集与处理;能够使用工具对各类统计数据进行可视化呈现。

三、与课程考试的关系

本课程实验必须在课程笔试前完成,以促进学习者掌握课程内容。实验考试应在课程结束后择时进行。

四、实验大纲

学习本课程必须结合实验,实验量不能少于 8 个,这里给出 13 个实验供考生选择。

(1) 使用数据定义语言(DDL)创建、修改、删除数据对象。

(2) 使用数据处理语言(DML)对数据进行查询、增加、删除和修改。

(3) 在数据库管理系统中创建备份并进行还原。

(4) 将数据库数据导出至 Excel 文件中。

(5) 将外部文件 Excel 中的数据导入至数据库中。

(6) 使用 PDF 软件进行文字识别和文档转换。

(7) 使用 Photoshop 软件对图像进行裁剪、抠图、变形和美化处理。

(8) 使用 GoldWave 软件对音频进行采集、转录和裁剪拼接等处理。

(9) 使用会声会影软件对视频素材进行收集、整理、编辑合成等处理。

(10) 使用 Excel 软件对统计数据进行可视化操作。

(11) 在军事综合信息网上进行信息的搜索与采集。

V. 关于大纲的说明与考核实施要求

一、自学考试大纲的目的和作用

课程自学考试大纲是根据专业自学考试计划的要求,结合自学考试的特点来制订。其目的是对个人自学、社会助学和课程考试命题进行指导和规定。

课程自学考试大纲明确了课程自学内容及其深度和广度,规定出课程自学考试的范围和标准,是编写自学考试教材的依据,是社会助学的依据,是个人自学的依据,也是进行自学考试命题的依据。

二、关于自学教材

《军事信息系统管理与运用》,国防工业出版社出版发行。

三、关于考核内容及考核要求的说明

(1) 课程中各章的内容均由若干知识点组成,在自学考试命题中知识点就是考核点。因此,课程自学考试大纲中所规定的考核内容是以分解为考核知识点的形式给出的。因各知识点在课程中的地位、作用以及知识自身的特点不同,自学考试将对各知识点分别按三个认知层次确定其考核要求(认知层次的具体描述请参看Ⅱ.考核目标)。

(2) 按照重要性程度不同,考核内容分为重点内容和一般内容。为有效地指导个人自学和社会助学,本大纲已指明了课程的重点和难点,在各章的“学习目的与要求”中也指明了本章内容的重点和难点。在本课程试卷中重点内容所占分值一般不少于60%。

本课程共6学分。

四、关于自学方法的指导

军事信息系统管理与运用作为计算机信息管理(专科)的专业教育课,内容多,难度大,对于考生分析问题的能力、系统性思维有着比较高的要求,要取得较好的学习效果,请注意以下事项:

(1) 在学习本课程之前应仔细阅读本大纲的第一部分,了解本课程的性质、特点和目标,熟知本课程的基本要求与相关课程的关系,使学习紧紧围绕本课程的基本要求。

(2) 在学习每章内容之前,先认真了解本自学考试大纲对该章知识点的考核要求,做到在学习时心中有数。

(3) 本课程是从组织管理、数据管理、网络管理、安全管理和标准化管理这五个方面介绍军事信息系统管理,又从信息采集与处理、运行效能评估和用户支持这三方面介绍了军事信息系统运用。课程的难点包括军事信息系统内涵,军事信息系统管理方法,数据管理中的SQL语句的灵活使用,信息采集与处理中图像和视频信息的处理,安全管理中防火墙技术、加密技术、身份识别和认证技术的运用,军事信息系统标准化管理的方法,效能评估中数据可视化的实施,军事信息系统中用户支持的实施。

(4) 在自学过程中应有良好的计划和组织。例如,可以制定“行动计划表”来监控管理自己的学习进展;在阅读课本时做好读书笔记。

(5) 在当今互联网时代,可以充分利用互联网在线开放课程资源,辅助自学,提高学习效率。

五、考试指导

在考试过程中应做到卷面整洁,书写工整,段落间距合理。回答试卷所提出的问题,不要所答非所问,避免超过问题的范围。

正确处理对失败的惧怕,要正面思考。如有可能,请教已经通过该科目考试的人。考试之前,根据考试大纲的要求将课程内容总结为“记忆线索”。当阅读考卷时,一旦有了思路就快速记下,按自己的步调进行答卷;为每个考题或部分分配合理时间,并按此时间安排进行答题。

六、对助学的要求

(1) 要熟知考试大纲对本课程总的要求和各章的知识点,准确理解对各知识点要求达到的认知层次和考核要求,并在辅导过程中帮助学生掌握这些要求,不要随意增删内容,不要随意提高或降低要求。

(2) 要结合典型例题,讲清楚军事信息系统管理与运用的核心知识点,引导学生独立思考,理解军事信息系统的管理及运用的方法,掌握解决应用问题的思路和技巧,帮助考生真正达到考核要求,并培养良好的学风,提高自学能力。

(3) 助学单位在安排本课程辅导时,授课时间建议不少于 60 课时。

七、关于考试命题的若干规定

(1) 考试方式为闭卷、笔试,考试时间为 150 分钟,考试时只允许携带笔、橡皮和标尺,答卷必须使用蓝色或黑色的钢笔、签字笔或圆珠笔书写。

(2) 本大纲各章所规定的基本要求、知识点及知识点下的知识细目,都属于考核的内容。考试命题既要覆盖到章,又要避免面面俱到。要注意突出课程的重点,加大重点内容的覆盖度。

(3) 不应命制超出大纲中考核知识点范围的题目,考核目标不得高于大纲中所规定的相应的最高能力层次要求。命题应着重考核自学者对基本概念、基本理论是否了解或掌握,对基本方法是否会用或熟练。不应命制与基本要求不符的偏题或怪题。

(4) 本课程在试卷中对不同能力层次要求的分数比例大致为:识记为 20%,领会占 60%,应用占 20%。

(5) 要合理安排试题的难易程度,试题的难度可分为易、较易、较难和难 4 个等级。每份试卷中不同难度试题比例一般为 2∶3∶3∶2。

必须注意试题的难易程度与能力层次有一定的联系,但二者不是等同的概念,在各个能力层次都有不同难度的试题。

(6) 课程考试命题的主要题型一般有单项选择题、填空题、简答题和综合题。

附录 题型举例

一、选择题

1. “成绩 between 10.5 and 99.5”相当于下列哪个逻辑表达式(　　)。

A. 成绩>=10.5 and 成绩<99.5

B. 成绩>10.5 and 成绩<99.5

C. 成绩>=10.5 or 成绩<=99.5

D. 成绩>=10.5 or 成绩<=99.5

2. 能够对查询结果分类处理的函数是(　　)。

A. distinct　　B. case…when…　　C. convert　　D. substring

3. 以下(　　)不是 Oracle 数据库文件组成的类型。

A. 日志文件　　B. 控制文件

C. 数据文件　　D. 配置文件

4. 在计算机中,文字和数值都是用(D 二进制)编码表示的(　　)。

A. 列　　B. 行　　C. 记录　　D. 数值

5. 灰度模式是用单一色调来表现图像,在图像中可以使用不同的灰度级。在 8 位图像中,最多有(　)级灰度亮度值。

A. 8　　B. 16　　C. 64　　D. 256

二、填空题

1. 数据库的名称是数据库的________标识。

2. 在 order by 子句中可以对列按照________和________顺序排序。

3. 在查询结果集中,select 子句中表达式通常显示为“无列名”,为了增加查询语句的可读性,可以对表达式定义________。

4. 信息系统的五个功能:__________、__________、__________、__________和__________。

5. 根据采集设备和软件的不同,信息采集可以分为________和________两种主要方式。

三、简答题

1. 什么是信息系统?

2. 简述常用的数据类型有哪些?

3. 简述 create table、alter table 和 drop table 的语句的语法。

4. 简述 SQL Server 的聚合函数 min、max、count 和 avg 的含义和语法。

四、综合题

SQL Server 相比 Oracle 和 MySQL 数据库有什么优缺点,如果有构建一个军事人力管理系统,该如何设计表?请画出数据库的 E-R 图。

第一章　绪　　论

随着信息技术的迅猛发展及在军事方面的运用，军事信息系统成为部队管理、作战指挥、作战保障、教育训练、政治工作、日常办公等的主要信息平台，成为信息化作战中不可缺少的重要组成部分。本章主要对军事信息系统的基本概念、组成、功能和作用进行阐述，并总体介绍了军事信息系统管理及运用方面的内容。

第一节　军事信息系统相关知识

军事信息系统是一个关于军事信息的系统。因此，要想全面理解和把握军事信息系统的相关概念和知识，首先要了解信息的相关概念，然后了解信息系统的相关概念，最后在此基础上理解军事信息系统的概念、分类、功能和作用。

一、信息

要理解信息系统、军事信息系统的概念，准确把握其实质和内涵，就必须对信息的概念有一个理解和把握。

1. 信息的定义

对于信息（Information）一词，不同的研究者从各自的研究领域出发，给出了不同的定义。信息奠基人香农认为"信息是用来消除随机不确定性的东西"。控制论的奠基人维纳认为"信息就是信息，不是物质也不是能量。"经济管理学家认为"信息是提供决策的有效数据"。

2008 年，我国集全军专家的智慧研究成果，出版了《军队信息化词典》，词典中对信息进行了解释："信息是事物存在的方式或运动的状态。"词典中还指出，信息、物质与能量一起构成了人类社会赖以生存和发展的三大要素，是一种重要的战略资源。

2. 信息的特性

维纳说过："信息就是信息，不是物质也不是能量。不承认这一点的唯物论，在今天就不能存在下去。"这说明信息作为独立的概念具有区别于其他事物的特性。信息不是具体的物质，无法利用工具测量。信息既有与物质相同之处，但更有其独特的地方。信息的特性主要表现在以下几个方面。

（1）普遍性。信息无处不在，我们身边处处都有信息，如红绿灯。我们每天看到的、听到的无不是信息。

（2）依附性。信息不能独立存在，必须借助载体，具有较强的依附性，同一个信息可以依附于多个不同的载体，如战场态势信息可以用文字来描述，也可以用态势图等形式展现。

（3）价值性。信息是有价值的。世界由物质、能量和信息三大要素构成，缺一不可。信息的价值主要体现在两个方面：一是能够满足人们在精神领域的需求；二是可以促进物质、能量的生产和使用。

(4) 共享性。同一内容的信息可以在相同或不同的时间、地点,为多个使用者接收、掌握、占有和使用,并且不会造成信息的丢失,也不会改变信息的内容。

(5) 时效性。信息只是反映事物某一特定时刻的状态,不同时刻信息是变化的,有些信息瞬息万变,如天气预报、战场信息等都是具有较强的时效性,超过一定的时限,将不具有价值。

(6) 真伪性。信息有真实信息和虚假信息之分。虚假信息可能是对事物错误认知而产生的,也可以是在传递过程中造成的信息失真等,甚至是人为加工出来的。在战争中,为了达成某种战略意图,可以通过传播虚假信息来配合军事任务的完成。

3. 信息的分类

信息广泛分布于自然界与人类社会。依照不同标准可以把信息区分为不同的类型,各类型之间相互交叉,并无明确界限。

1) 按产生的来源分

按信息产生的来源,可以将信息分为自然信息和社会信息。自然信息是自然物及自然现象的存在方式和状态的自身显示,包括自然界中人类以外的各种生物信息、非生物物质存在与运动信息、非生物物质与生物物质之间的作用信息等。它不依赖于人的存在而存在。社会信息是人类对自然、人类社会现象及人类思维的反映。它以人类的活动为出发点,是人类在社会活动中所认识、产生和传播的信息。其作用对象主要是人,并能被人类所认识或利用。

2) 按信息所体现或表述的内涵分

按信息所体现或表述的内涵,可以将信息分为政治信息、经济信息、军事信息、法律信息、艺术信息等。政治信息是指人类政治活动中形成的信息总和,主要包括政治制度、意识形态、国内外政治态势、国家方针政策等信息。经济信息是指在经济活动中形成的信息总和,随经济活动而产生和发展,主要包括国家经济政策、社会生产力发展、国民经济水平、经济系统比例与结构、新技术开发与应用以及金融、市场、生活需求等方面的信息。军事信息是指在军事活动中所需要的信息集合,如军队编制信息、武器装备信息、战争信息等。法律信息主要由法律制度、法律体系以及立法、司法等各种法律法规构成,还包括法律执行信息、社会治安信息等。艺术信息主要是社会个体和群体在发展过程形成的与艺术相关的信息,如书法、美术、戏曲、电影等方面的信息。

3) 按信息的运动状态分

按信息的运动状态,可以将信息划分为动态信息和静态信息。动态信息指时间性强,处于不断变化的信息,如战场军事信息、时事新闻等。静态信息则指被记载并存储在一定载体上的信息,如纸质文献信息、磁盘文献信息、光盘数据库信息等。

二、信息系统

信息系统是由人以及计算机硬件、软件和数据资源等组成,基于计算机、通信网络等现代化的工具和手段,及时、准确地获取、处理、存储、管理和传递信息,能向有关人员提供有用信息的系统。

1. 信息系统的功能

信息系统一般具有五个基本功能:输入、存储、处理、输出和控制。

(1) 输入功能:根据系统所要达到的目的输入相关的数据。

(2) 存储功能:指系统能够存储各种输入的原始数据以及处理后的信息数据等。

(3) 处理功能:将输入的原始数据通过数据处理工具进行转换或变换,得到系统需要的相关信息资料。

(4) 输出功能:根据信息系统的功能、目标,输出有用的信息。

(5) 控制功能:对信息的输入、存储、处理和输出等活动进行管理和控制。

2. 信息系统的发展

信息系统的发展过程大致经历了以下几个阶段:

(1) 电子数据处理系统(Electronic Data Processing System,EDPS),产生于20世纪中叶。当时的计算机一般运用在会计、统计部门,电子数据处理系统主要用于数据处理,提高工作的效益和效率。

(2) 管理信息系统(Management Information System,MIS),主要是由人和计算机设备、网络通信设备等组成的系统,主要是进行信息搜集、传输、处理和维护等活动。

(3) 决策支持系统(Decision Support System,DSS),是MIS随着计算机技术和通信技术的发展而产生的,主要用于帮助管理者进行辅助决策。

3. 信息系统的类型

从信息系统的发展和系统特点来看,可分为数据处理系统(Data Processing System,DPS)、管理信息系统(Management Information System,MIS)、决策支持系统(Decision Sustainment System ,DSS)、专家系统(人工智能的一个子集)和办公自动化系统(Office Automation,OA)五种类型。

三、军事信息系统

军事信息系统是指由信息获取、信息传输、信息处理、信息管理和信息应用等部分集成,用于保障军队作战和日常活动的信息系统,主要包括指挥信息系统、作战信息系统和日常业务信息系统(《中国人民解放军军语》(2011年12月出版))。军事信息系统主要包括信息基础设施、指挥控制系统、侦察监视情报系统、其他支援保障信息系统等部分。

1. 军事信息系统的功能

一般来说,军事信息系统的基本功能包括信息获取、信息传递、信息处理、信息存储、信息分发和信息使用。

1) 信息获取

信息获取是信息系统的重要环节,所获取信息的完整性、时效性、精度等都关系到信息系统中流动和处理的信息质量的好坏,对信息系统效能的发挥有着直接的影响。

信息获取有许多方式和手段,如人工采集录入、软件自动采集、传感器自动采集等。信息获取的终极目标是实现信息系统对现实世界的真实和实时反映,因此需要综合使用各种技术、非技术的信息获取手段,才有可能对所感知的世界进行全空域、全时域、全频谱、全天候的探测。

2) 信息传递

信息传递是信息系统的基本活动,也是信息系统生存发展的前提。信息传递是信息从一个设备(或地点)传送到另一个设备(或地点)的过程。

信息传递一般包括信息发送、传输、交换和接收等环节。随着信息与通信技术的飞速发展,信息传递的手段更加丰富、能力更加强大。光纤传输技术可以解决大容量长距离的信息传递问题,无线传输技术可以解决野外条件下的信息传递问题,宽带移动通信技术可以解决移动环境下实时流畅的信息传递,卫星通信技术可以解决远距离广播式信息传递,未来量子通信技术将彻底解决安全保密的信息传递问题。

3）信息处理

信息处理是信息系统对原始信息进行加工和处理,并形成有用信息和知识的过程。信息处理的准确性、时效性、深度等指标水平直接关系到信息利用的结果,直接决定了信息价值的高低,也是信息系统技术水平高低的重要体现之一。信息处理一般包括两个步骤:第一步是“粗加工”,即对获取到的原始信息进行人工或计算机系统加工和处理,以形成便于传递、存储、分发和进一步加工的有序化、规范化的信息;第二步是“深加工”,即根据系统目标和使用要求,对各种信息进行融合、关联、分析挖掘、判断推理、排序、分类、比较、统计、预测、仿真模拟、压缩加密以及其他各种模型计算,以便于理解、解释或预测现实世界发生或可能发生的情况,如目标的跟踪与识别、态势的分析与评估、威胁的判断与对策等。

目前,信息系统依靠规模大小不同的计算机来处理数据,并且处理能力越来越强。这种能力取决于计算机硬件和软件两个方面。信息系统建设的一项重要工作,就是要根据系统所承担的使命任务,科学确定信息处理的能力需求,并据此设计、购置和开发系统的硬件和软件。

4）信息存储

信息被采集进入系统之后,经过加工处理,形成对管理决策有用的信息,并由信息系统负责对这些信息进行存储和管理以备使用。如果说信息传递是发生在空间域的(从一个地方传送至另一个地方),那么信息存储则可以理解为时间域的信息传递(从一个时间点延续至另一个时间点)。

信息的存储涉及物理存储和逻辑组织两个层面。物理存储是指将信息以适当的形式存储在适当的介质上,如磁盘、光盘、磁带等;逻辑组织是指按信息的逻辑内存联系和使用方式,把信息组织成合理高效的结构,提高信息存储和使用的效率,如数据库系统、文件系统等。当前,信息系统规模越来越大,信息存储的数量、质量、时效性、关联性等各项指标要求越来越高。

5）信息分发

信息分发是信息系统按照一定的规则和方式,将处理形成的有用信息以标准化的模式准确送达特定用户的过程。信息分发通常采用的是一个源头、多个终点的并发式传输方式,其目的是最快实现信息共享和行动指令的快速分发。

信息系统基于适当的通信系统,依据规定的分发程序,通过情况简报、视频会议、电话、传真、电子邮件、数据库远程服务、直接数据传输等多种分发方式,确保信息在需要时及时送达任何一个有需要且有权限的用户。信息分发的质量要确保用户能够理解信息的内容并协助用户将信息应用于其业务活动中。

6）信息使用

信息使用是信息系统按照用户的需要,组织、提供信息,以及利用信息形成控制指令并作用于外部事物的过程。一方面,信息系统将加工处理后的信息,以合理的结构和易于理解的形式提供给用户,以完成业务处理、组织管理、辅助决策等功能,其信息格式可以是文字、声音、图像、视频等,输出的方式可以通过语音报话、打印机打印或显示器显示等。

另一方面,信息系统将处理后的信息转换成能控制外部设备运转的指令,实现对设备的控制。

2. 军事信息系统的作用

作为信息获取、传输、处理、共享的平台,军事信息系统提高了指挥手段和武器平台的智能化、网络化、一体化程度,延伸了人对战场信息的感知能力、对武器平台的控制能力,对于形成和提高基于信息系统的体系作战能力具有基础和支撑作用,其根本作用就是将信息转化为战斗力,甚至可以说军事信息系统本身就是战斗力。具体来说,其作用主要体现在以下四个方面:

一是提高对战场态势的掌控能力。军事信息系统可以使指挥人员在远离战场的情况下全面、及时、形象、直观地掌握战场综合态势和有关情况,最大限度地廓清“战争迷雾”,指挥协调作战行动,掌握控制作战平台,准确评估作战效果。

二是提高作战指挥决策能力。通过军事信息系统的辅助决策手段,运用指挥人员平时知识积累的优势和战时指挥人员群体决策的优势,把指挥人员的经验和创造性与高技术手段结合起来,科学地评估选择作战方案,提高作战筹划和计划的速度和质量。

三是提高部队的快速反应能力。军事信息系统可以快速收集瞬息万变的战场信息,并利用这些信息进行快速分析、判断、综合和处理,实时提供给指挥人员决策使用,将相关命令、指示和各种反馈信息及时、准确地传输到各个作战单元,从而保证对有关部队和作战单元实施迅速、稳定和不间断的指挥控制。

四是提高综合保障能力。随着信息化战争的不断深入发展,作战部队和武器装备对综合保障的要求越来越高,需要保障的对象越来越多,保障的空间越来越大。军事信息系统能够搜集、分析、处理和管理保障信息,及时按需分发大范围、高精度、高时效的保障信息,指挥保障力量实施作战保障,提供综合保障辅助决策支持,同时还能够支持武器装备试验活动和平时的日常业务管理等。

军事信息系统是一个人—机系统,人在系统中起主导作用。在军事信息系统中,计算机系统是无法代替人进行决策的,它只能起辅助决策作用。从另一方面说,在日益复杂的军事信息系统中,军队官兵要顺利地履行职责,必须具备良好的科技素质和熟练的操作运用能力。因此,只有以人为主体,做到人—机两者的最佳结合,才能充分发挥军事信息系统的作战效能,实现指挥控制与管理的科学化和高效率,从而赢得战争的胜利。

第二节 军事信息系统管理

学习了信息、信息系统和军事信息系统的基本概念和相关知识后,就要进一步了解军事信息系统管理的相关知识。本节主要阐述了军事信息系统管理的基本概念以及军事信息系统管理的内容、特点和方法。

一、军事信息系统管理的定义、意义及职能

1. 军事信息系统管理的定义

根据军事信息系统的功能和管理方面的知识,我们可以给军事信息系统管理如下定义:军事信息系统管理是指通过计划、组织、指挥、控制等环节来协调军事信息系统内的人

力、物力和财力资源，以期更好地达成军事信息系统目标，最大限度地发挥系统效能的过程。

上述定义包含了军事信息系统管理的三个特征。一是目标一致性。军事信息系统管理是为了更好地达成系统目标，这是一切管理活动的出发点和落脚点。二是组织计划性。军事信息系统管理是通过计划、组织、指挥、控制、协调等项措施来实施的，是有意识、有组织的活动。三是活动协调性。通过管理来协调系统内部的人力、物力和财力资源，而这种协调是贯穿始终不间断的动态过程。对于技术装备总体水平处于相对劣势的军队而言，加强对军事信息系统的组织和管理，采用科学、合理的管理策略和措施保证系统的协调和平衡，实现系统功能发挥的最大化，具有特殊的现实意义。

2. 军事信息系统管理的意义

当今世界经济的飞速发展，主要靠技术进步和科学管理。军事信息系统建设也离不开科学管理。科学管理对充分发挥军事信息系统效能，保证系统安全可靠的工作，有着十分重要的意义。

1）科学管理是军事信息系统工作中一件根本性、经常性的工作

军事信息系统担负着作战指挥、战备训练等任务，在系统内部，不仅有以电子计算机为核心的多种装备，而且还有在系统中工作的各种战勤、技勤人员。系统结构复杂，分工精细，技术要求高，为保证系统安全可靠的运行，系统中的各项工作必须高度集中、统一、有序，因而必须实行严格的管理。管理出效益，管理出战斗力，管理在系统工作中是一件根本性、经常性的工作。

2）科学管理是军事信息系统安全可靠工作的保证

安全可靠地工作是军事信息系统发挥效能的前提，也是管理工作追求的目标。在军事信息系统内部，以电子计算机为核心的各种技术设备，性能先进、技术复杂，运行中可能出现各种故障；战时战场环境严酷，军事信息系统是军队的神经中枢，是敌对双方首先要打击的目标，对系统的安全性、可靠性提出了严厉挑战；军事信息系统自投入使用之日起，就必须夜以继日、不间断地工作，直到退出现役，长时间工作也对安全可靠性提出了新的要求。只是运用先进的手段和工具，按照事物发展的客观规律进行科学管理，才能保障系统安全可靠地工作。

3）科学管理是保持和发挥军事信息系统效能的重要途径

提高指挥效能是军事信息系统的主要功能之一。能否提高指挥效能，除与系统是否安全可靠地工作有关外，还与系统内部的组织管理有关。只有充分调动系统内部每个战勤、技勤人员的积极性，合理地计划、安排、协调各部分、各部门的工作，使得人尽其才，物尽其用，这样才能做到以少量的投入，取得最大的效果，充分发挥军事信息系统的效能。科学管理是保持和发挥系统最大效能的重要途径。

3. 军事信息系统管理的职能

职能是指人、事物或机构应有的作用。军事信息系统管理有五项基本职能，即计划、组织、指挥、控制、协调。军事信息系统的管理者工作时都在执行这些职能中的一个或几个。

1）计划职能

计划是指在工作或任务之前预先拟定的具体内容和步骤，是人们完成工作任务的依据，是管理中的首要职能。军事信息系统担负着作战指挥、战备训练等多项任务，为了更

好地完成任务，事先必须制定周密详尽的计划。计划职能有：根据任务的要求建立目标，然后制定多种解决方案，最后选定解决方案并拟定具体实施步骤。

2）组织职能

组织就是把人、财、物等管理要素合理地结合成的一个有机整体。例如，军队、学校、指挥所都是组织，为完成某项任务成立的机构也是组织。组织对完成计划具有保证作用。组织职能通常包括两个方面：一方面是指为实施计划而建立起来的机构，包括确立编制、建立管理体制、规定各个职能机构的作用、规定各级的职权等；另一方面是指为了实现计划目标所进行的组织过程、保证管理活动中各个环节的相互衔接、进行合理的分工与协作等，以便发挥组织保证作用。

3）指挥职能

指挥是发令调度的意思。军事信息系统管理的指挥，是对系统管理活动中包含的人员所进行的领导。指挥职能就是按照计划目标要求，运用组织职权，发挥领导权威，统帅各方面的工作，形成指挥控制系统。指挥职能主要涉及的是组织当中人的问题，要求采取各种措施，充分调动各类人员的积极性，解决各种矛盾，保证各个部门间信息渠道畅通无阻。

4）控制职能

控制是根据事物发展变化的规律，使其不超出预订的范围。在军事信息系统中，对设备的控制就是按照一定的技术指标对设备进行的管理。通过制定各种控制标准，检查各项工作是否按计划进行，是否符合标准，这是控制职能的具体体现，同时发现偏差，要及时采取相关措施，进行修正，确保原定目标的实现。

5）协调职能

协调是配合得当的意思。为了有效地完成任务，必须使各个业务部门、各个值班分队的活动有机的配合，步调一致的进行。协调职能包含对内协调和对外协调，纵向协调和横向协调。对内协调，就是一个单位的内部进行的协调活动；对外协调，就是一个单位和外部其他单位进行的协调活动。纵向协调是指各级领导机关相对应的业务部门之间的协调；横向协调是指各个业务部门、各个单位之间所进行的协调活动。

军事信息系统管理的五个基本职能，是相互联系、相互制约的有机整体。通过计划职能明确目标和任务，拟定具体实施计划；通过组织职能，建立相应的机构，为目标的实现提供组织保证；通过指挥职能，调动各方面的积极性；通过协调职能，调节各种关系，协同各个部门的工作；通过控制职能，检查计划的完成情况，及时纠正偏差。以上管理活动中的五项职能，环环相扣，灵活运转，保证了计划目标的实现。

二、军事信息系统管理的特点

1. 军事信息系统管理涉及的单位多、协调面广

军事信息系统的管理工作涉及司令部、政治部、联勤部和装备部四大机关，各个机关都有自己的军事信息系统，系统的管理工作也就涉及这些机关的军事信息系统的管理。上述机关所属的军事信息系统又由各自的分系统组成，这些分系统的管理工作则由相应的业务部门负责组织，因此系统的管理工作又涉及这些相应的业务部门。司令部是军事信息系统管理总的负责机关，政治部、后勤部和装备部分别是各自军事信息系统分系统管理的具体负责机关。司令部的军事信息系统主管部门是司令部具体负责系统管理的职能

部门,并由它来具体协调各机关和各业务部门的系统管理工作。这样,组织军事信息系统管理工作的协调量就非常大。

2. 军事信息系统管理涉及的内容多、技术含量高、组织复杂

军事信息系统的管理,涉及值勤管理、电磁频谱与电磁兼容管理、计算机网络管理、设备管理、软件使用管理、数据管理和信道管理等诸多方面的内容。军事信息系统是集现代诸多高技术成果于一体的复杂的高技术群。就学科来说,其涉及微电子学、信息学、运筹学等十几个学科;就技术而言,其涉及计算机技术、微电子技术、航天技术、激光技术、通信技术、软件技术、遥测遥感技术等几十个技术领域。因此,军事信息系统管理的内容多,涉及的技术面广,技术含量高,必然增大系统管理工作的难度,使组织系统管理工作更为复杂。

3. 军事信息系统管理具有全时域性,对管理工作要求高

军事信息系统与一般的装备不同,一旦投入运用,无论是在遂行作战任务期间,还是在平时担负战斗值班、训练、专机保障任务期间,都要求系统全时域、安全可靠地工作。由于系统设备多、技术复杂,长时间的工作对系统的可靠性提出了严厉的要求,加大了维护工作量,使得维护费用增加。据统计,在军事信息系统全寿命周期中,运行使用时间约占80%,系统维护工作量约占70%,运行和维护费用大大超出系统研制开发的费用。而且,任何管理不善、使用不当、维护不佳,都将直接影响系统效能的发挥,甚至会缩短系统的使用寿命。因此,军事信息系统管理工作必须常抓不懈,不能有丝毫的懈怠。

4. 军事信息系统管理工作可供借鉴的现成经验少

我军军事信息系统建设与一些先进国家相比起步较晚,目前还处于发展时期,而军事信息系统管理,更是处于探索阶段,成熟的经验少。由于社会制度、指挥体制的不同,我们无法照搬照套外军相应的军事信息系统管理经验,同时由于保密等原因,现成的资料也很难获取,这些给我军军事信息系统管理工作带来一定的难度。因此,必须开展基于我军实情的军事信息系统管理研究,形成具有我军特色的军事信息系统管理理论与方法。

三、军事信息系统管理的方法

美国管理学家哈罗德·孔茨强调管理是没有最佳模式的,应视具体情况采用与其相适应的方法。就军事信息系统的管理而言,我军在这方面还缺乏一套较成熟的方法,需要在实践中探索总结,逐步完善。

1. 计划管理

组织实施军事信息系统的管理,需要系统管理业务部门和相关人员根据实际的作战任务及系统的体系结构和实际功能,以计划的形式统筹安排各项管理活动。战场环境的易变性,要求军事信息系统的管理者应当适应不断变化的战场,适应复杂指挥的需要,适时调整管理计划。在制定系统管理计划时,系统管理者应当对所拥有的信息资源、可能遇到的情况,以及实现系统管理目标的方法进行认真细致的研究,着眼保证系统的整体平衡和平稳运行预先做出周密的安排;而指挥员、参谋人员及技术人员等也需要树立全员参与的观念,在授权范围内做好系统的管理工作。系统计划管理的一般步骤是:分析目标、分析资源、研究途径、细化措施、形成计划、组织实施并监督检查执行情况。

2. 过程管理

军事信息系统是按信息流和指挥关系来组织构建的,从这个意义上说,军事信息系统的管理可视为保障信息顺畅运行的过程。在这一过程中,系统管理者需要根据作战任务的要求对系统运行中信息流动的方向和流动过程细节予以监控,以保证军事信息高效地定向流转。过程管理强调的“怎么管”信息系统。军事信息系统的过程管理的最终目标是使系统适应变化着的战场环境。系统过程管理一般可以分为四个步骤来组织:一是按信息运作的流程对指挥系统的运作效率进行分析,发现存在的问题;二是设计适应军事信息流程的改进方案,并进行评估;三是制定与方案相配套的组织结构、管理资源配置和业务规范等方面的措施,形成系统的流程管理方法或细则;四是精心组织实施,谨慎推进,逐步适应。

3. 责任管理

责任管理是比较传统而又十分有效的管理方法。特别是对军事信息系统这样一个管理工作线多面广空间大、专业种类繁多、技术复杂的大系统,采取责任管理的方法,在相当大的程度上可以提高工作效率和管理质量。实行责任管理,关键是健全和完善岗位责任制,按管理人员的职别和技术职称进行明确分工,并明确系统各级各类用户的使用管理职责,使军事信息系统所有子系统、各个单元直至每一个终端都有专人负责,以充分发挥每个参与者的作用。落实责任管理,可使系统管理工作形成一个有机整体,协调发展。

4. 虚拟管理

军事信息系统的广泛应用,将整合传统指挥系统,实现系统与系统之间、要素与要素之间的一体化网络联结。同时,军事信息系统的进一步发展,将出现某种意义上的“虚拟”智囊组织。这些综合性的智囊组织将作为军事信息系统的“外脑型”结构,参与系统组织管理的谋划、决策和咨询等。计算机网络的普及和虚拟组织的产生,使军事信息系统的管理突破了传统的金字塔式纵向管理模式,并迅速向扁平化结构的管理模式过渡。在保证安全保密的前提下,充分利用虚拟组织,如院校、研究机构、设备厂家等军地技术力量,进行“远程会诊”,解决信息系统的技术难题,可以实现跨军兵种、跨地区的远程管理,实现管理资源、信息资源的优化配置。随着虚拟管理方法进一步运用于实践,这一方式已从一般的网络咨询、网上技术指导向规范化的技能互补、团队协调等方面过渡,从而为构建虚拟管理模式奠定了基础。

5. 自适应管理

自适应管理是相对于军事信息系统的自适应结构及特性提出来的。现代军事信息系统在组织结构上具有自适应的特征:一是系统以模块化方式构建,可以随战场环境变化而灵活重组;二是系统分布式部署,可以对局部损伤做出一定程度的“应激”反应;三是各分系统的相互融合使其在结构和功能上具有一定的互补性;四是“人”使系统具有一定程度的人类思维特征,可以增强系统的“自组织”能力。军事信息系统的自适应管理,就是依据系统的上述特性,着眼利用系统本身所具有的网络化优势,提出相应的管理策略和措施,以强化系统的“自组织”能力和应变性能,满足作战指挥需求。强化自适应管理,是未来军事信息系统管理的一个发展方向。

四、军事信息系统管理的主要内容

军事信息系统管理着眼提高三个能力,即系统支援能力、系统自身工作能力、系统野战生存能力,因此,军事信息系统的管理突出以下五个方面内容。

1. 突出以人为主要对象的组织管理

着眼提高军事信息系统的效能，对系统运作所涉及的组织和个人进行有效控制和协调，是军事信息系统管理需要解决的首要问题。组织管理工作的核心是处理好机构、制度与人员之间的相互关系，使信息技术、人和组织的管理相互协调。在机构与制度基本相同的条件下，组织管理水平不同，军事信息系统运作的也不同。科学、高效的组织管理，有助于消除系统运行过程中产生的噪声，解决系统分散配置与其中使用的矛盾，使系统整体围绕指挥控制分系统的运作实现一体化联动。突出以人为主要对象的组织管理，重点要解决军事信息系统运行中的重大问题，指导与改善系统的日常运行，积累数据资料，不断总结经验教训，为系统功能的改进与长期的发展提供依据。组织管理工作的内容很多，组织机构设置、编制调整、人员培养、管理教育、条例制度建设、工作程序调整、应用分析总结、重大事件事故的专题调研，以及对军事信息系统运行效益的分析研究等。除此以外，还有与系统担负日常值班有关的操作控制与调度、值勤制度的执行与监督、资料数据的记录与统计、设备的例行检查与维修等。

2. 突出以信息资源为主要对象的数据库管理

数据库管理是军事信息系统管理的一个重点。军事信息系统从早期的利用文件来存储数据向大型关系数据库的过渡，使军事信息实现了数据的整体结构化，军事信息高度共享，信息数据相对于应用程序更加独立，数据管理更加统一和规范。目前全军的军事信息系统通用 Oracle 数据库，其管理内容包括用户管理、数据导入导出，容灾备份和备份与恢复等方面。数据库管理中数据库维护是重点，数据库中的数据安全性越高，军事信息系统可靠性越高。数据库维护工作主要包括数据备份和还原、数据库的运行监控以及计划任务的自动化。

3. 突出以系统装备为主要对象的网络管理

网络管理包括硬件管理和软件管理两个部分。硬件管理的主要是对网络硬件设备的故障管理，工作包括：记录设备的使用情况、定期检查测试、及时维护修理。维护与修理相结合是硬件管理工作的基本方针，建立与保持完备的硬件设备技术资料档案与使用、维修记录是做好硬件管理工作的基础。软件是军事信息系统网络装备的重要组成部分，软件管理部分主要包括网络配置管理和网络性能管理。

4. 突出以信息安全为主要内容的系统安全管理

军事信息系统所具有的相对开放、资源有限共享、数据互访、通信网络易受干扰等特点，使得系统存在着信息和系统安全等诸多隐患，军事信息系统在作战中的地位和作用要求必须保证系统及系统内流动信息的安全。这就要求加强以信息安全为主要内容的系统安全管理。系统的安全隐患主要来自数据输入、数据处理、网络传输、软件、数据输出等几个方面。同时，军事信息系统中已经渗入了大量的人为因素，安全性不再是简单的技术问题，需要有严格的行政管理规定和法规作为制度保障。加强军事信息系统的安全管理，应当坚持规范化、预防为主、均衡防护和分权制衡原则，对信息系统使用人员的管理，加大网络连接和接入保密审查，强化网络安全技术分层管理和保密监督检查等。

5. 突出以信息系统建设为中心的标准化管理

标准化是军事信息系统建设中一项重要的基础工作，对保证军事信息系统的技术水平、质量水平和系统效益的发挥等都具有重大意义。军事信息系统标准化管理主要包括标准的管理、对工程建设各阶段的标准化管理和对研制、采购的技术设备的标准化审查等三个方面。标准化管理是科学化管理的关键，是缩短维修时间的有利条件，是优化保障规模的重要手段。

第三节 军事信息系统运用

军事信息系统的运用，是指部队在遂行作战和训练等任务时，迅速周密地建立起信息系统，并能对系统进行运行、防护、管理和各种保障。军事信息系统的运用是作战指挥中的一项十分重要的工作，对于发挥系统效益和提高作战指挥效能具有极其重要的影响。

一、军事信息系统运用的基本任务

军事信息系统运用的基本任务是：根据上级指示、首长决定和军事行动指挥的需要，确定系统运行方案，制定组织运用计划，组织军事信息系统的展开，协调其运行，组织系统的防护、管理和保障等，充分发挥其在获取与处理情报资料、运筹谋划、组织与控制部队行动等作用，提高军事信息系统的整体效能。

二、军事信息系统运用的基本特点

军事信息系统是一体化的复杂系统，其整体运用包括各分系统的运用，各分系统的运用是整个系统运用的基础。认清这些特点对更好地组织系统运用有着十分重要的作用。

1. 工作复杂、协调量大

工作复杂性表现在：一是军事信息系统通常由指挥控制、情报侦察、通信、电子对抗等要素构成，系统设备数量多、种类杂，主要包括计算机及外围设备、通信设备、探测设备和显示设备等，这些系统、设备之间的接口关系复杂。二是军事信息系统涉及的技术多并且复杂，其系统的技术组织与保障较为复杂。三是军事信息系统的结构复杂，组织形式多样，加上系统各要素之间涉及部门多，纵横联系广，工作关系复杂。

2. 装备技术保障工作繁重，要求高

军事信息系统是个技术密集型系统，设备种类多、技术复杂。主要涉及计算机技术、通信技术、侦察探测技术、电子侦察技术、传感器技术、雷达技术和声呐技术以及系统集成技术等现代高新技术。因此，组织军事信息系统运用的装备技术保障工作繁多、工作量大、技术要求高、难度大。

3. 安全防护任务艰巨

在信息化战争中，安全防护工作组织复杂、任务艰巨。一是敌人通常对我实施“指挥控制战”，采取“斩首行动”，强调打击对方的指挥控制系统。因此，在未来战争中，军事信息系统必将成为敌人首先攻击的重要目标，系统生成面临严峻的考验。二是系统各要素分布面广，组织防护困难，任务艰巨。三是系统没有专门的防护力量，需要进行统一组织，因涉及的部门多，防护工作的组织比较复杂。

三、军事信息系统运用的主要内容

为迅速组织军事信息系统的运用，使系统能协调灵便、反应迅速、运行高效、稳定可靠和安全保密。我们将从三个方面对军事信息系统进行运用，即对军事信息系统进行合理的信息采集与数据运用，对军事信息系统的运行效能进行评估以及军事信息系统的用户支持。

1. 军事信息系统信息采集与数据运用

信息在军事信息系统中占有很重要的地位，合理运用信息系统中的信息能够提高军事信息系统的使用效能。在本书第七章阐述了军事信息系统信息采集与运用的方法，首先介绍军事信息系统信息采集与处理的相关内容，然后介绍了文本、图像、音视频以及网络信息的采集与处理，最后介绍了军事信息系统数据运用方法，包括将获取的信息利用数据分析可视化技术呈现出来，让使用军事信息系统的指战员能够快速地获取到自己所需要的信息并能快速理解和使用。

2. 军事信息系统运行效能评估

军事信息系统运行效能评估是军事信息系统运用活动中不可缺少的组成部分。军事信息系统运行效能评估是对军事信息系统运行活动发挥作用的有效程度进行评析和估量。在本书的第八章将介绍军事信息系统运行效能评估的含义、目的和作用，并且对军事信息系统运行效能评估的原则、流程和方法进行阐述。

3. 军事信息系统的用户支持

用户支持是军事信息系统运用不可缺少的一个重要环节。用户支持主要是为用户提供良好的支持环境，丰富服务内容。在本书的第九章主要介绍了用户支持的概念、范围和内容，阐述了军事信息系统用户服务的分类、特点及意义，重点阐述了军事信息系统维护的主要内容。

本章小结

随着军队信息化程度的不断提高，军事信息系统逐渐深入地渗透到军队建设的各个领域，军队作战指挥对军事信息系统的依赖性越来越强。在推动军事信息化建设过程中，必须加强军事信息系统管理，才能有效控制风险，确保信息资源和信息系统的安全、可靠与有效，最大限度地发挥信息系统效能。本章首先介绍了信息、信息系统以及军事信息系统的概念和相关基础知识；然后介绍了军事信息系统管理的概念、定义和作用等，特别是阐述了本书后续章节要讲解的军事信息系统的有关管理内容；最后介绍了军事信息系统运用的基本任务、基本特点以及本书后续讲解的军事信息系统运用的相关内容。

作业题

一、填空题

1. 信息系统的五个功能：________、________、________、________和________。

2. 军事信息系统主要包括________、________、________、________等部分。

3. 军事信息系统的基本功能包括________、________、________、________、________和________。

4. 自适应管理是相对于军事信息系统的________结构及特性提出来的。

二、单项选择题

1. 以下不属于信息传递的环节是(　　)。

A. 信息发送　　B. 信息分析

C. 信息传输　　D. 信息接收

2. 国际信息系统审计协会,简称(　　)。

A. ISACA　　B. OSAC

C. ISAC　　D. ISACB

3. 以下不是军事信息系统管理特性的是(　　)。

A. 目标一致性　　B. 组织计划性

C. 活动协调性　　D. 管理统一性

三、简答题

1. 军事信息系统管理在军队信息化建设中有何意义?

2. 军事信息系统管理有哪些方法?

3. 军事信息系统管理的职能?

4. 军事信息系统管理的特点?

第二章 军事信息系统组织管理

军事信息系统管理需要解决的首要问题是提高军事信息系统的效能，对系统运作所涉及的组织和个人进行有效控制和协调。组织管理工作的核心是处理好机构、制度与人员之间的相互关系，使信息技术、人和组织的管理相互协调。本章主要阐述组织管理的基础知识、军事信息系统组织管理的主要内容以及信息系统人员的训练和管理。

第一节 组织管理

学习认识军事信息系统组织管理的相关知识，首先要了解组织管理的内容，本节将介绍组织管理的概念、产生与发展以及工作内容，为后续学习军事信息系统组织管理服务。

一、组织管理的概念

组织管理是指通过建立组织内部的结构，维持组织目标、组织成员、组织结构等各要素之间的关系，有效协调各方面的作用，以实现组织目标的过程。

组织管理的具体内容是设计、建立并保持一种组织结构。

二、组织管理的产生与发展

组织管理理论产生于1900年前后，至今经历了三个发展阶段，分别是：古典管理、行为科学管理以及现代组织管理。

1. 古典管理

古典管理形成于19世纪末20世纪初，主要代表人物有美国的F·W·泰勒、德国的M·韦伯和法国H·法约尔等人。这些代表人物在不同时期探讨的重点也不一样。前期的探讨重点是组织内的企业管理，后期的探讨重点是组织内部的行政管理。他们认为人们工作只是为了追求经济利益，即“经济人”理论。在此基础上，还提出了科学的管理方法来满足人们经济利益的追求。

2. 行为科学管理

行为科学管理产生于20世纪20年代初，主要代表人物有美国的G·E·梅奥、F·赫茨伯格等人。其主要思想认为人除了经济利益外还有其他的多种需要，即“社会人”理论。在此基础上，还提出了通过在组织内建立良好的人际关系来提高组织效率。

3. 现代组织管理

现代组织管理产生于20世纪中叶，主要有以美国C·I·巴纳德为代表的社会系统论、以H·A·西蒙为代表的决策理论、以F·E·卡斯特为代表的系统与权变理论和以E·S·巴法为代表的管理科学理论等。

现代组织管理理论在继承古典组织管理理论和行为科学管理理论基础上，借助现代系统论有了新的发展。该理论将组织看成一个系统，用组织系统内各子系统及各部门之间的有机联系来实现组织目标和提高组织效率。

三、组织管理的工作内容

实现组织管理必须开展相应的工作，具体内容因组织的不同而不同，一般工作内容包括四个方面：

(1) 设定工作岗位。明确达到组织目标所需要开展的活动，将这些活动按专业化分工进行分类，并根据类别设立工作岗位。

(2) 设定组织架构。根据组织特点、内外部环境和目标需要设立工作部门，设计组织机构和结构。

(3) 明确职能职责。按照任务分工确立组织结构中的各种职务或职位，明确各自的职责要求和权力。

(4) 制订规章制度。规章制度是组织管理的基础，必须建立和健全组织制度机制，保障各方面的相互关系。按照制度经济学，企业管理的政策制度化，才能实现可操作性管理，发挥组织管理的作用，提高组织效率。

第二节 军事信息系统组织管理的主要内容

军事信息系统组织管理与其他信息系统组织管理相似，也是从系统建设之初到交付使用，直至系统维护，贯穿系统生命周期的全过程。根据组织管理的工作内容，我们将军事信息系统组织管理分为：制定信息系统组织的方案和计划，合理进行信息系统的编组，合理进行信息系统的配置，制定信息系统使用原则。

一、制定信息系统组织的方案和计划

为了使军事信息系统能够正常运行，我们在使用前要制定完善的信息系统组织方案和计划，这样才能充分发挥军事信息系统的作用。

1. 制定信息系统运行的方案

军事信息系统的运行方案包括总体方案和分系统方案。总体方案是对军事信息系统组织运用的基本构想，通常由军事信息系统主管部门负责拟制。分系统方案是对军事信息系统中情报侦察、通信、电子对抗、预警探测、后勤保障和装备技术保障等分系统组织运用的基本考虑。

军事信息系统的运行总方案的主要内容包括：军事信息系统的组成形式，力量使用，编组方法和任务，各分系统的编组、配置和任务区分，遂行任务的基本方法，人员、装备器材调整补充方法，系统防护、管理、保障的组织以及完成系统开设的时限等。

2. 制定信息系统组织运行的计划

军事信息系统组织运行计划，是为完成军事信息组织运行任务所作的指导系统运用准备和实施的预先安排。它是系统运行总体方案的具体体现，是实现军事信息系统组织运行的基本依据，属于作战保障计划范畴。系统组织运行计划又可细分为系统组织运行总体计划和分系统组织运行计划。军事信息系统组织运行计划是信息系统分系统组织运行计划和系统组织运行的基本依据。

二、合理进行军事信息系统的编组

军事信息系统的编组是将各参战部队的军事信息系统及其人员、作战区域内既设的军事信息系统及其人员、地方支援的有关信息系统及其人员等，按照作战需要而进行的编组和组合。主要应根据任务、敌情、我军信息系统力量等进行编组，并与作战编组配套。

进行编组时，应着重把握以下几个方面：

（1）着眼编组的整体性。军事信息系统是一个庞大而复杂的系统，要实现该系统整体功能大于各要素功能之和的效果，就应对系统进行整体编组。只有这样，军事信息系统才能形成一个纵横相融的有机整体，使各分系统和各种力量之间都能相互协调，发挥出最大的系统整体效能。

（2）注重编组的灵活性。军事信息系统的编组应当根据上级的有关指示、系统所承担的任务、敌方军事信息系统的情况，以及敌方对我方系统可采取的对抗措施等灵活确定。不同的作战规模，不同的作战样式、不同的作战任务和不同的作战环境等，其编组形式也将不同。因此编组形式应灵活多样。

（3）使各分系统具有较强的独立作战能力。军事信息系统的指挥所、情报侦察、通信、电子对抗等分系统，都是系统的有机组成部分，只有各分系统功能的有效发挥，才能使整个系统的效能得到有效发挥。

三、合理进行军事信息系统的配置

军事信息系统的配置，就是根据任务、敌情、地形和指挥关系将其功能单元物理地设置在适当位置。军事信息系统的合理配置，是系统高效、稳定、安全运行的基础，同时也直接影响着系统生存能力和系统整体效能的发挥。

在组织系统配置时，应着重把以下几个方面：

（1）便于发挥整体效能。由于系统的组成复杂，其具体的编组和配置将直接影响系统运行整体效能的发挥。因此，系统的配置首先应着眼于发挥系统运行的整体效能。

（2）便于保障重点。军事信息系统的运行，应集中力量于主要方向、重要时节和执行主要任务的部队等，以实施重点保障；同时还要对整个系统的关键部位、节点和设备等实施重点保障。

（3）便于各分系统之间的技术连接和相互协调。由于军事信息系统的分系统和设备种类多，技术连接复杂，加之各分系统涉及的部门多，其各自的任务和性能特点不同，需要协调的工作很多。为此，军事信息系统的配置，应便于各分系统之间的技术连接和相互协调。

（4）便于隐藏、伪装和机动。系统配置隐蔽、伪装严密、便于机动，能有效地提高系统的生存能力，使系统更加安全、稳定。

（5）能有效避免各种干扰。随着信息技术的高速发展和广泛应用，电磁环境越来越复杂，在战场上充满了各种高密度、宽频谱的电磁信号，电磁干扰越来越普遍，从而给军事信息系统提出了严峻挑战。因此，在配置军事信息系统时，要注意有效避免各种干扰和相互影响，尽量减少和避免系统内部和外部、敌方和我方的干扰，提高整个系统配置的合理性和电磁兼容能力。

四、制定信息系统使用原则

军事信息系统的运行和使用不仅涉及整个系统运行和使用，还涉及各分系统的运行和使用。因此，根据的组织管理要制定军事信息系统的使用原则，对更好地组织系统的使用具有十分重要的作用。

1. 统一组织，整体协调

组织军事信息系统运用涉及部门多，组织、协调和保障工作复杂，应统一组织、整体协调，才能发挥军事信息系统的整体效益，使得军事信息系统有序而有效地工作。在组织系统使用时，司令机关应根据作战意图、任务和指挥需要，统一组织协调军事信息系统各方面力量，周密计划，合理确定军事信息系统的组成、配置和任务，确保军事信息系统稳定、安全、高效地运行，发挥系统最大效能。

2. 突出重点，把握关节

集中力量，突出重点，把握关节，是组织军事信息系统使用的重要原则和要求。在组织系统运行时，应集中主要力量，对主要方向、重要时节和执行主要任务的部队等，采取有效措施，在人员、装备和组织上实施重点保障。同时对系统的主要枢纽和运行的关键点等进行重点关照、重点把握。注意保留预备力量，随时准备围绕重点和关键点使用预备力量应付意外情况。

3. 主动配合，密切合作

组织军事信息系统使用，必须严格执行有关规定的协同要求，及时互通情况，密切配合。军事信息系统是一个复杂的大系统，涉及单位和部门较多、工作关系和环节复杂、工作标准和质量要求较高，系统的正常运行有赖于系统的各个环节协调一致地工作。为此，在组织军事信息系统运用时，各单位必须树立整体观念，严格执行有关规定和协同要求，服从统一指挥，及时互通情况，主动配合，密切协作，积极主动地解决遇到的各种问题。

4. 严密防护，加强管理

严密防护是军事信息系统正常运行的保证，应采取有效措施，加强防护，最大限度地减少损失。要注意系统设施的工程防护、伪装和警戒防卫；要加强反侦察、反干扰以及防电磁脉冲、计算机病毒和防反辐射武器摧毁等方面的措施，确保人员、系统设施及信息传递的安全。系统管理的好坏直接影响到系统效能的发挥，特别是在复杂险恶的信息化战场环境条件下，系统管理显得尤为重要。为此，在组织军事信息系统运行时，要切实采取各种规章，以最少的资源代价使系统始终处于良好的运行状态，确保系统整体效能的发挥。

第三节 军事信息系统的人员管理

军事信息系统是一个典型的“人—机系统”，人员是系统的要素之一。组织管理行为是由组织成员，即人员来完成的，人员素质的高低对管理具有重要的影响。因此，人员的保障、训练和管理是系统组织管理的一个重要内容。

一、军事信息系统的人员保障

军事信息系统人员主要包括系统业务主管部门人员、专业技术保障力量、系统用户和系统开发人员。各类人员在军事信息系统运行过程中的地位和作用不同,所担负的职责也有所区别,但他们都不同程度地对系统效能产生影响。组织实施军事信息系统人员保障,应立足于平时打牢基础,战时合理调配、补充保障力量,并发挥各类人员的主观能动性,形成优化的系统操作、使用、管理、保障人力资源结构和体系。

1. 平时打牢基础

军事信息系统涉及多个领域、多个学科,技术更新换代比较快,这要求军事信息系统相关人员具有综合性的知识和技能。特别是对于系统业务主管部门人员、专业技术保障力量及系统开发人员而言,从军事理论到系统科学理论,从通信、电子技术到计算机技术与应用,从系统的开发建设到系统的管理与维护,均需有一定的造诣,具备复合型的知识结构。而且,这个复合型的知识结构,应以军事指挥学、通信与电子学、计算机科学、系统工程等主干学科为支柱。系统用户则应学习掌握计算机和军事通信基础知识,了解信息系统的基本性能和战术技术指标,熟悉系统终端软硬件的安装和维护,他们中的某些成员还应具备规划管理信息系统的能力。应将军事信息系统使用及维护训练纳入军事训练体系之中,分层次、分类别地组织实施"军事信息系统训练",以打牢相关人员的知识和技能基础。

2. 合理调配和使用专业保障力量

战时,系统业务主管部门应根据作战需要和系统的特点灵活划定对专业保障力量的指挥及控制权限,合理调配、使用专业保障力量。平时,军事信息系统专业保障力量可能需要接受多个部门的领导,比如其行政领导职能和业务领导职能分别归属不同的部门。但在战时,系统业务主管部门应全权负责对系统专业保障力量的组织领导,全面掌握这支对系统正常运行具有决定性影响的"信息保障部队"。同时,还应根据作战需要灵活确定专业保障力量的配属和支援关系,随作战进程的变换做出合理的安排,不能完全根据平时的业务指导和行政隶属关系,而应根据作战的实际情况合理划分对专业保障力量的指挥和领导权限。另外,对系统专业保障力量一般应集中使用,避免分散,并在其内部建立预备接替机制。当派出人员执行对系统终端用户设备的维护和维修任务时,应明确规定派出人员的归建时限,以保证这支专业力量的整体性,有效应对战时可能发生的紧急事件。

3. 及时补充和加强专业保障力量

系统业务主管部门应分析、预测作战需要与实际掌握的系统专业保障力量之间的差距,及时进行补充或申请上级部门予以支援。这其中也包括专业保障力量组成人员发生战斗减员的情况,这时应该有应急方案,能够及时补充和加强保障力量。

4. 适时派出联络人员,加强协调

军事信息系统运作涉及军队的所有军兵种、多个部门和业务领域,有时还需与民用信息系统主管部门建立联系。因此,应考虑在战时视情派出联络人员,解决彼此之间在人员、装备分配、信道使用、保障重点及互联、互通和互操作及设备兼容等方面出现的矛盾和问题,以保证系统"一体化"运行。

二、军事信息系统各类人员的训练

军事信息系统的人员按其职能可以分为指挥参谋人员、专业技术人员和操作人员等。其中指挥、参谋人员是系统的关键要素，是指挥控制分系统的决策主体；专业技术人员有一部分直接参与系统运行的操作和控制，他们与指挥参谋人员一样属系统内的组成要素，另一部分则是维护系统设备正常工作的专业人员，负责调整、检修设备，软件维护、改进等；操作人员则包括指令员、标图员、预报员、值班员等。

由于他们在军事信息系统中所担负的角色和完成的任务不同，对各类人员的训练科目有不同的侧重点，如指挥员的训练内容包括：国内外 C^3I 发展的状况，军事信息系统的组成、功能，主要战术技术指标，首长工作台的基本布局、功能及操作，计算机基础知识，系统使用指南。战勤参谋训练内容包括：军事信息系统的组成、功能和战术技术指标，计算机硬、软件知识，系统使用指南，系统自动化设备的操作与使用等；系统技术人员训练内容则有：计算机组成与工作原理，软硬件设备的配置、安装及测试方法，系统维护技术，常用仪器仪表的使用方法等。培训的方式包括院校学习、集训和自学等。

三、军事信息系统各类人员的组织管理

1. 全面提高系统人员的素质

指挥方在由人工系统向自动化系统的发展过程中，人员的作用始终没有降低，对人员各方面的素质要求更高了。比如指挥人员要有效地参与系统的建设，不仅要精通军事，熟悉作战指挥和训练工作的内容、流程，具有较高的谋略、决策能力，还要具备一定的军事运筹、系统工程和计算机技术知识，能够提出系统的诸种功能及主要的战术技术指标，归纳、抽象计算机上形式化和解算的问题，确定辅助决策系统的各种判定规则、标准及基础数据。要高效地运用系统，指挥人员必须了解系统的优缺点，在心理素质、思维方式及指挥习惯上与系统相适应，合理地协调好各种关系，在最后下决心时清醒地判断所得到的定量建议，迅速果断地处理情况，实施正确的指挥。

要全面提高系统人员的素质并非一蹴而就之事，目前要着重解决好军事信息系统中对指挥参谋人员先用后训，甚至只用不训的问题。在系统建设的同时，就应该重视各类人员的培训。

2. 充分发挥系统人员的积极性

要充分发挥我军政治工作的优势，充分认清思想政治工作在军事信息系统各类人员的组织管理中的重要性，让思想政治工作成为精通本职业务之基，让所属人员组织性纪律性更强。只有通过深入细致的思想政治工作，才能有效提高人员的觉悟，树立远大的理想，提高思想素质、政治素质、道德素质，提高对自己所处的地位和所担负责任的认识，支持组织中的各级主管人员和同事，共同努力实现组织目标。确保用思想政治工作去提高人们的觉悟，激发革命热情，最大限度地调动和发挥人的积极性，否则，即使有先进的管理制度和技术方法，也发挥不出应有的效果。

本 章 小 结

军事信息系统组织管理是军事信息系统正常工作和运转的基础与保证，是军事信息

系统建设工作的延续和发展,是发挥军事信息系统效益的关键。本章首先介绍了组织管理的概念、产生与发展以及工作内容,然后重点阐述了军事信息系统组织管理的主要内容,最后介绍了军事信息系统人员管理方面的内容。

作 业 题

一、填空题

1. 组织管理是指通过建立组织内部的结构,维持________、________、________等各要素之间的关系,以实现组织目标而有效协调工作的过程。

2. 军事信息系统的运行方案包括________和________。

3. 军事信息系统组织运行计划是系统运行总体方案的________,是实现军事信息系统组织运行的________________,属于________。

4. 军事信息系统人员主要包括________、________、________ ________和________。

二、单项选择题

1. 组织管理理论经历了(　　)等阶段。

A. 古典管理、行为科学管理以及现代组织管理

B. 经典管理、行为科学管理以及现代组织管理

C. 古典管理、行为管理以及现代组织管理

D. 古典管理、行为管理以及现代管理

2. 管理科学理论的代表人物是(　　)。

A. C·I·巴纳德　　B. H·A·西蒙

C. F·E·卡斯特　　D. E·S·巴法

3. 进行编组时,应着重把握的方面有(　　)。

①编组的整体性 ②编组的灵活性 ③各分系统具有较强的独立作战能力 ④编组的细化

A. ①②③④　　B. ①②③

C. ②③④　　D. ①③④

三、简答题

1. 组织管理的工作内容包括哪些?

2. 军事信息系统的运行总方案的主要内容有哪些?

3. 在组织军事信息系统配置时,应把握哪几个方面问题?

第三章　军事信息系统数据管理

处于信息时代,我军信息资源数量迅速增长,促进了我军综合信息服务业务的快速发展,涌现出一大批军事信息系统。为了切实有效地管理和应用军事信息资源,全军的军事信息系统通用 Oracle 数据库,其管理内容主要包括用户管理、数据操纵管理、数据备份与恢复等方面。本章从最基本的概念出发,了解数据管理和常用数据库类型,掌握基于 Oracle 数据库的军事信息系统数据管理与维护方法。

第一节　数据库管理的基本概念

一、数据管理概念及发展

早期计算机的发明主要用于科学计算,而随着计算机应用不断地深入和普及,计算机需要使用和产生的数据也越来越多,这就需要用科学有效的方法来对数据进行管理。实际上,为了充分挖掘和利用数据价值,需要对数据采用科学的组织方式进行管理。数据管理是利用计算机硬件和软件技术对数据进行有效的收集、存储、处理和应用的过程。数据管理先后经历了人工管理、文件系统、数据库系统、分布式数据库系统和面向对象数据库系统等几个发展阶段。

1. 人工管理阶段

20 世纪 50 年代中期以前,计算机的主要功能是科学计算。在硬件方面,外存只有卡片、纸带、磁带,并没有像磁盘等可以随机访问、直接存取的存储设备;在软件方面,没有操作系统,也没有专门管理数据的软件,数据由计算或处理它的程序自行携带。数据管理完全由程序设计人员自行负责。

人工管理阶段数据管理技术具有如下特点:

(1) 数据与程序不具有独立性,一组数据对应一组程序。而且数据的逻辑结构或物理结构一旦发生变化,程序也需做相应的修改。

(2) 数据不能长期保存,程序运行结束后就退出计算机系统,一个程序中的数据无法被其他程序共享利用。因此,程序与程序之间存在大量的重复数据(即冗余数据)。

人工管理阶段应用程序与数据之间的对应关系可用图 3-1 表示。

2. 文件系统阶段

20 世纪 50 年代后期到 60 年代中期,随着计算机应用范围的不断扩大,计算机不再只应用于科学计算当中,还大量应用于数据管理处理工作当中,急需大量的数据存储、检索和维护技术。此时在硬件方面,像磁盘、磁鼓等可以随机存取的存储设备成为联机的主要外存;在软件方面,出现了高级语言和操作系统,操作系统中的文件系统就是专门管理

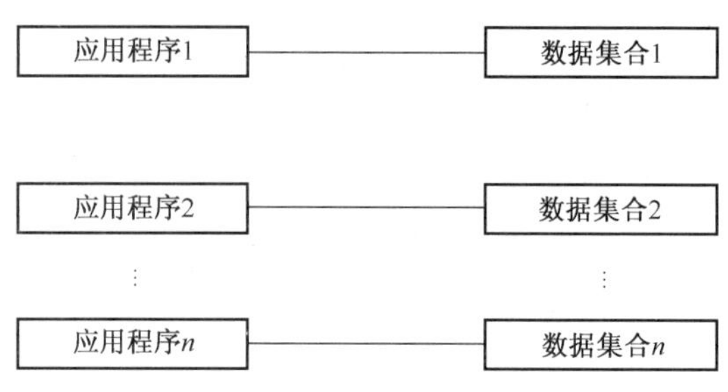

图 3-1 人工阶段数据与程序对应关系

外存数据的管理软件。

文件系统阶段数据管理技术具有如下特点：

(1) 数据文件可以长期保存在外存储器上，可反复进行查询、修改、插入和删除等操作。

(2) 在文件系统的支持下，程序可以按照文件名称来访问数据文件。

(3) 因为程序和数据分开存储，因此有了程序文件和数据文件的区别，程序和数据有了一定的独立性，程序和数据之间可以通过专门的存取方式进行转换。大多数情况，数据存储的改变并不会影响程序，因此大大减少了程序员维护程序的工作量。

(4) 在文件系统中，数据文件是为了满足特定业务领域或某部门的某项需求而产生的，也就是一个数据文件对应某一个特定的应用程序，数据是依赖于程序的。当不同的应用程序但具有部分相同的数据时，该数据并不能共享，而是每个应用程序也必须创建各自的文件，导致数据仍有冗余，同时也给管理和维护带来极大不便，极易出现数据不一致的情况。

文件系统阶段数据与应用程序之间的关系如图 3-2 所示。

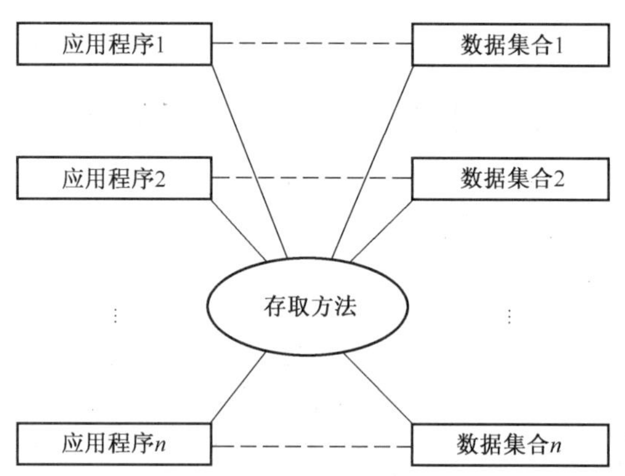

图 3-2 文件系统阶段数据与应用程序对应关系

3. 数据库系统阶段

自 20 世纪 60 年代后期开始，随着计算机性能的不断提升，计算机的应用越来越广泛，而需要计算机管理的数据规模也在急剧增长，对数据共享的需求也越来越强烈。在这种背景下，必须有一种能够专门来统一管理数据的数据库管理系统，来更为有效地管理和存取大量的数据资源，最终实现计算机对数据的统一管理数据。

数据库系统阶段数据管理技术具有如下特点：

(1) 数据库系统实现了数据的结构化，这是数据库的主要特征之一，也是数据库系统与文件系统的本质区别。

(2) 存取数据的方式较之文件系统更为灵活，对于数据库系统而言，可以存取数据库中的某一个数据项或者一组数据项，也可以是一个记录或者一组记录。但在文件系统中，数据的最小存取单位是记录。

(3) 多个用户能够同时访问数据库中的数据，提高了数据的共享性，而数据的共享性好，也意味着大大降低了数据的冗余度，同时数据的一致性和完整性也得到了提高。

(4) 增强了数据与应用程序的独立性，从而减少应用程序的开发和维护代价。

(5) 数据是由数据库管理系统(Database Management System，DBMS)统一管理和控制，除了管理功能以外，为了适应数据共享的环境，DBMS还提供数据控制功能，包含数据安全性、数据完整性、并发控制和数据库恢复等。

数据库管理阶段应用程序与数据之间的对应关系可用图3-3表示。

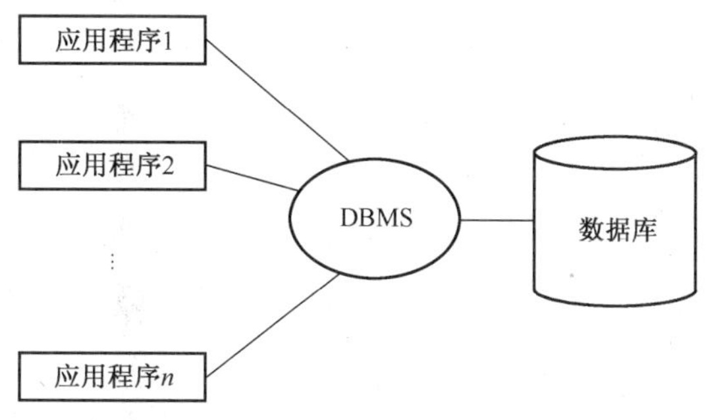

图3-3 程序与数据的关系

4. 分布式数据库系统阶段

数据库技术与网络技术的结合产生了分布式数据库系统。20世纪70年代之前，数据库系统多是集中式的。网络技术的发展为数据库提供了分布式运行环境，使其从主机/终端体系结构发展到客户机/服务器(Client/Server，C/S)系统结构。

C/S结构将应用程序根据应用情况分布到客户的计算机和服务器上，将数据库管理系统和数据库放置到服务器上，客户端的程序使用开放到数据库连接(Open DataBase Connectivity，ODBC)标准协议，通过网络远程访问数据库。

5. 面向对象数据库系统阶段

数据库技术与面向对象程序设计技术的结合产生了面向对象数据库系统。面向数据库系统吸收了面向对象程序设计方法的核心概念和基本思想，采用面向对象的观点描述现实世界中的实体，克服了传统数据库的局限性，大大提高了数据库管理效率，降低了用户使用的复杂度。

二、数据库技术

目前在军事信息系统主要使用数据库来存储结构化业务数据，结构化数据是指信息系统运行过程中产生的具有一定结构、可以划分出固定的基本组成要素、能以表格的形式表达的数据。数据库一般作为结构化业务数据的存储方式,因为它们具有一定的逻辑和物理结构,可用表和视图表示,并且可以完成一定的搜索、排序功能。有了结构化数据,在开发信息系统时,可以事先根据应用需求设计好各种数据表,并将不同结构的数据存储到不同的表中,方便数据的查看和管理。

数据库(Data Base,DB),可以直观地理解为存放数据的仓库,是指相互关联的数据集合,它是一组长期存储在大容量存储器中有组织、可共享、具有明确意义的数据集合。数据库中的数据可共享,数据独立性和扩展性较高,数据冗余度较小。在数据库管理系统的支持下,能够保证数据的安全性和可靠性,允许多个用户并发操作,能及时有效地处理数据,保证了数据的一致性和完整性。

比如说,我们可将图书馆视为一个数据库,书架对应表格,书籍对应原始数据,书籍名称或作者名称的目录卡对应索引。在教育、工业、顾问和出版等领域有着数十年从业经验的 David M. Kroenke 关于数据库的定义是:数据库是指自描述的完整记录的集合。它表达了三层含义:数据库的自描述性;数据库是集成记录的集合;数据库是模型的模型。

1. 数据库的自描述性

数据库包含用户的元数据和数据词典。数据词典又称数据目录或者元数据,是关于数据本身结构的描述性数据。正如上文提到的数据库与图书馆相似:除了书籍数据源以外,图书馆还需要创建一个描述它们的目录卡片。

2. 数据库是集成记录的集合

数据库将包含四种数据:用户数据、元数据、索引、应用元数据。

(1) 用户数据大多表示为表格,称为数据表,它存放了用户的各种应用资料和数据。

(2) 元数据是关于用户数据的结构的描述,称为系统表。

(3) 索引数据改进了数据库的性能和可访问性,称为概括数据。

(4) 应用元数据用来存储用户表格、报表、查询、媒体数据和其他形式的应用组件。

3. 数据库是模型的模型

数据库是用户关于现实世界的模型的模型。在计算机操作数据的情况下,数据库设计者将在人们对现实世界的抽象的基础上再次建模,从而建立一个适用于计算机处理的数据库模型。

综上所述,数据库的特点包括:数据结构化、数据共享、数据独立性和可控冗余度。

数据库系统根据数据模式的不同,可以分为非关系型数据库系统、关系型数据库系统、对象—关系模型数据系统和面向对象的数据库等。

1) 非关系型数据库系统

非关系型数据库系统包括层次型数据库系统和网状型数据库系统,都是第一代数据库系统。其主要特点是:记录是基本数据结构,不同记录型之间允许存在相互联系,但是一次查询只能访问数据库中的一个记录。

2) 关系型数据库系统(RDBS)

关系型数据库系统是第二代数据库系统。目前使用的数据库系统大多数是第二代数据库系统。其主要特点是:表是基本数据结构,在不同的表之间允许存在相互联系,一次查询可以根据需要随机访问整个表格中的数据。

3）对象—关系模型数据系统（ORDBS）

第三代数据库系统，将数据库技术与面向对象技术相结合，以实现对复杂对象数据的处理。

4）面向对象的数据库

面向对象数据库系统的整体结构不同于传统 DBMS，它采用了对象层次的存储结构、存取方法和继承性的实现方法，用户定义数据类型和方法的处理策略，必要的版本控制和友好的用户界面，建立了一个全新的 DBMS，即面向对象的数据库管理系统。

三、数据库系统的组成

数据库系统（Data Base System，DBS）通常是指引进数据库技术后的计算机系统。DBS 能够实现大量关联数据有组织地、动态地存储，并提供数据处理和信息资源共享等便利手段，方便多种角色用户访问的计算机软件、硬件和数据资源。因此，数据库系统一般由数据库集合、数据库管理系统、硬件系统、软件系统、人员（数据管理员和用户）等几部分组成，其中软件系统包括操作系统、数据库管理系统、开发工具和开发语言、应用系统等软件，人员包括数据库管理员（Data Base Administrator，DBA）、系统分析员、应用程序员、数据库用户等各类人员。图 3-4 显示数据库系统的组成。图 3-5 显示了数据库系统在整个计算机系统中的地位。

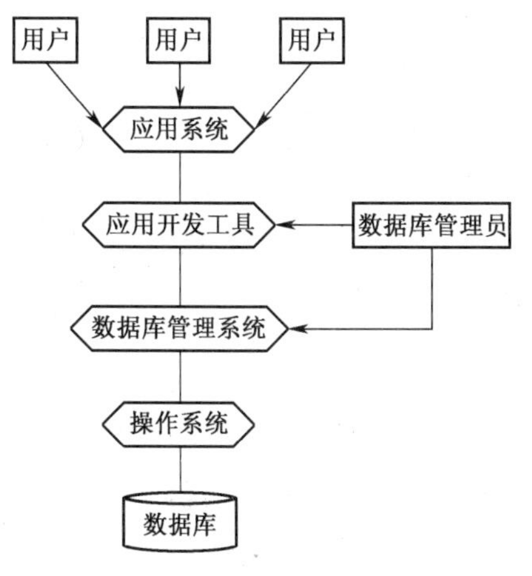

图 3-4 数据库系统组成

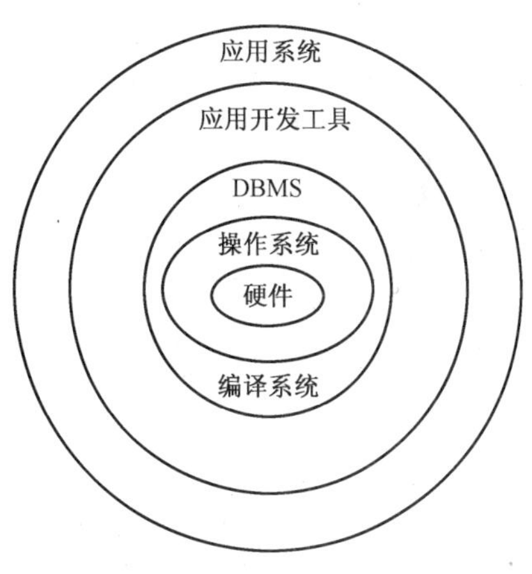

图 3-5 数据库系统在计算机系统中的地位

第二节 关系型数据库

一、数据模型概述

模型是现实世界特征的模拟和抽象。例如，建筑上使用的沙盘、军事上使用的地图等，都是对现实世界的一种具体的模型。看到模型会让人很自然地联想到真实生活中的某一事物。为了反映实体本身及实体之间的各种关系，数据库中的数据也必须有一定的结构，这种结构就是数据模型，它是现实世界数据特征的抽象。简单地说，数据模型就是数据库中数据的结构形式。数据库不仅管理数据库本身,而且要使用数据模型表示数据之间的关系。

因此,数据模型实际上是数据库管理系统用来表示实体及实体间联系的方法,一个具体的数据模型应当正确地反映出数据之间存在的整体逻辑关系,它不仅要反映数据本身的内容,而且要反映数据之间的联系。

任何一个数据库管理系统都是基于某种数据模型的。针对不同的使用对象和应用目的,可采用不同的数据模型。下面介绍概念数据模型、逻辑数据模型和物理数据模型的概念。

1. 概念数据模型

概念数据模型是抽象现实世界中的具体事物并组织成数据库系统可以识别的数据模型的第一步,这一过程生成的信息结构并不依赖于任何计算机系统,也并不是某一个数据库管理系统可支持的数据模型,因此称为概念模型。

组成概念模型的基本要素主要有:

(1) 实体(Entity):客观存在并可相互区别的事物称为实体。实体可以是具体的实际的事物,也可以是抽象的概念。例如:学生、教师都是实体,也是实际的事物;而学生选课、借阅图书等都是比较抽象的事物。

(2) 属性(Attribute):描述实体的特性称为属性。一个实体可以由若干个属性来描述。例如,学生实体可以由学号、姓名、所属班级、职务、性别、出生日期、籍贯、入学日期等属性组成。例如,一条记录包含(10001,刘明,323 班,学生,男,2000-05-01,山西太原,2018-9-1),每一个数据就是一个属性,这些属性数据组合成一条记录代表一个具体的学生。

(3) 实体型(Entity Type):具有相同属性的实体必然具有共同的特征和性质。用实体名及其属性名集合来抽象和描述同类实体,称为实体型。例如,学生(学号、姓名、所属班级、职务、性别、出生日期、籍贯、入学日期)就是一个实体型。

(4) 实体集(Entity Set):相同类型实体的集合称为实体集。例如,全体学生就是一个实体集。

(5) 域(Domain):属性的取值范围称为该属性的域。例如,学生的姓名的域为字符串集合,年龄的域为小于 30 的整数,性别的域为(男,女)。

(6) 键值(Key):可以唯一标识实体的一组最小的属性集合称为键值。例如,学号是学生实体的键值。

(7) 联系(Relationship):实体之间对应的各种关系,它反映了现实世界事物之间的相互关联。例如,一个学生可以选修多门课程,同一课程可以由多名教师教授。

实体间联系的种类是指一个实体型中可能出现的每一个实体与另一个实体型中多少个实体存在联系。两个实体型之间的联系可以归结为以下三种类型:

1) 一对一联系(1∶1)

实体集 A 和 B,如果 A 中的每一个实体,B 中至多有一个实体与之联系,反之亦然,则称 A 与 B 具有一对一联系,记为 1∶1。例如,一个学校对应一个校长,一个班级里只有一个正班长,而一个正班长也只在一个班级任职,所以班级与正班长之间具有一对一联系。

2）一对多联系（1∶n）

实体集A和B，如果A中的每个实体，在B中都有n个实体（$n \geqslant 0$）与之联系，反之，对于实体B中的每一个实体，A中至多只有一个实体与之联系，则称A与B具有一对多联系。记为1∶n。例如，一个班级中可以有多名学生，而每个学生只能在一个班级中学习，则班级与学生之间的联系是一对多联系。实际上，一对多联系是最普遍的一种联系，可以将一对一联系看作是一对多联系的特殊情况。

3）多对多联系（m∶n）

实体集A和B，如果A中的每一个实体，B中有n个实体（$n \geqslant 0$）与之联系，反之，对于B中的每一个实体，A中也有m个实体（$m \geqslant 0$）与之联系，则称A与B具有多对多联系。记为m∶n。例如，一个学生可以选修多门课程，而一门课程可以由多名学生选修，那么，课程与学生之间存多对多联系。

可以用图形来表示两个实体型之间的这3类联系，如图3-6所示。

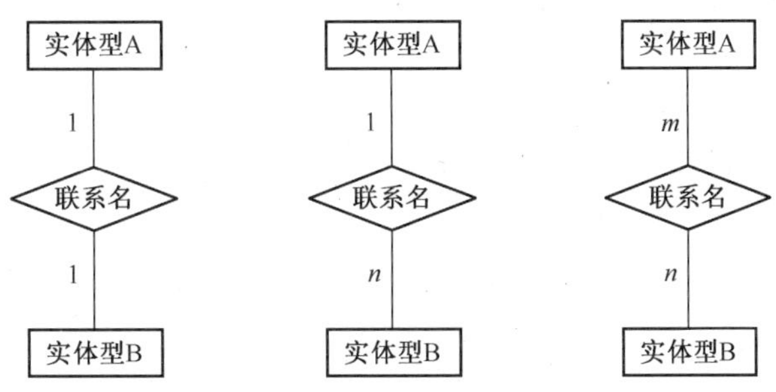

图3-6 两个实体型之间的3类联系

2. 逻辑数据模型

逻辑数据模型也称结构数据模型，简称数据模型。在前面提过，数据库中不仅要存放数据本身，还要存放数据与数据之间的联系，可以用不同的方法表示数据与数据之间的联系，将表示数据与数据之间联系的方法称为数据模型。

数据模型按计算机系统观点对数据建模，这是对现实世界的第二层抽象。直接面向数据库的逻辑结构，是用户从数据库所看到的数据模型，是具体的DBMS所支持的。实际上，目前各种计算机上的DBMS都是以某种数据模型为基础的，数据模型有以下几种：

1）层次数据模型

最早出现的数据模型，简称层次模型，是按照层次结构（树形）的形式组织数据库中的数据，以表示各类实体以及实体之间的联系。层次数据库系统采用层次模型作为数据的组织方式。

层次模型使用树形结构表示记录类型及其联系。在树形数据结构中，必须满足两个条件：其一，有且仅有一个根节点（没有双亲节点）；其二，除根节点之外的其他节点有且只有一个双亲节点。层次模型的数据操作主要有查询和更新两大类。受层次结构的影响，下级结点之间的联系只限于1∶n或1∶1的联系，而这也限制了层次模型抽象现实世界的能力，因此只能通过间接方法表达现实世界实体集之间的复杂的多对多联系。

2）网状数据模型

现实世界中，事物之间更多的是非层次联系，很难用层次模型来表示，采用网状模型可以不受层次结构的限制，各个节点之点可以任意建立联系，这样建立出来的模型就像一张网，因此网状数据模型又称网状模型。网状数据库系统采用网状模型作为数据的组织方式。

网状模型允许多个节点没有父节点，允许节点有多个父节点，还允许两个节点有多种联系，可用来描述多对多的联系。因此，网状模型可以更直接地描述复杂的现实世界。网状模型的数据操作主要包括查询和更新两大类，因其结构而导致的缺点是数据结构较复杂，只要应用环境扩大，数据库结构将更加复杂，不便于终端用户掌握。

3）关系数据模型

关系数据模型是目前应用最广泛也最重要的一种数据模型，简称关系模型。关系数据库系统采用关系模型作为数据的组织方式。

关系模型采用二维表来表示现实世界的实体集、属性及其联系。关系模型的数据操作也包括查询和更新两大类，其中查询是关系模型中数据操作的主要部分。关系模型允许定义实体完整性、参照完整性和用户自定义完整性。关系模型理论基础完备，模型简单，使用方便。

3. 物理数据模型

物理数据模型是描述数据在存储介质上的组织结构，它面向具体的 DBMS，以 DBMS 理论为基础，利用 SQL 脚本在数据库中产生现实世界信息的存储结构（表、约束等），同时保证数据在数据库中的完整性和一致性。大部分物理数据模型的实现工作由系统自动完成，对于数据库设计者而言只需设计索引、聚簇等特殊结构，而不关心底层物理结构，大大减少了设计者的工作量。物理数据模型不仅与具体的 DBMS 有关，还与操作系统和硬件有关。

二、关系型数据库

是建立在关系模型基础上的数据库，并借助于集合代数等数学概念和方法来处理数据库中的数据。关系模型实际上指的是二维表格模型，因此一个关系型数据库就是由多个二维表以及它们之间的联系组成的一个数据组织。现实世界中的各种实体以及实体之间的各种联系均可用关系模型表示。

关系模型主要由关系数据结构、关系操作集合和关系完整性约束这三部分组成。

1. 关系数据结构

在关系型数据结构中，虽然数据都是用二维表格的形式来组织，但这种组织形式与简单表格中的结构有着本质的区别，前者有着更为严密的定义，如数据类型的一致性、数据不可再分、不能存在完全相同的两行数据等。关系数据结构具有简单易懂、灵活且存储效率高等特性，所以得到了广泛应用。

2. 关系操作集合

对关系实施的各种操作，包括选择、投影、连接、除、并、差、交、笛卡儿积等，这些关系操作都可以用代数运算的方式表示，其特点是集合操作。关系操作其操作对象是关系，操作结果亦为关系。选择、投影、连接运算在关系型数据库应用中特有的方法。

选择（Selection）：是指在关系中选择满足特定条件的元组（行）。

投影(Projection):是在关系中选择若干属性列组成新的关系。投影之后不仅取消了原关系中的某些列,还有可能取消某些元组,这是因为取消了某些属性列后出现重复行,应该取消这些重复行。

连接(Join):是将不同的两个关系连接成为一个关系。对两个关系的连接其结果是一个包含原关系所有列的新关系。新关系中的元组是通过连接原有关系的元组而得到的。

3. 关系完整性约束

关系完整性约束是为保证数据库中数据的正确性和相容性,对关系模型提出的某种约束条件或规则。完整性通常包括实体完整性、参照完整性和用户定义完整性,其中完整性和参照完整性,是关系模型必须满足的完整性约束条件。

实体完整性(Entity Integrity):指关系的主关键字不能重复也不能取"空值"。

参照完整性(Referential Integrity):是定义建立关系之间联系的主关键字与外部关键字引用的约束条件。

用户定义完整性(User Defined Integrity):是根据应用环境的要求和实际的需要,对某一具体应用所涉及的数据提出约束性条件。

三、数据库的设计范式

在数据库设计过程中,为了保证数据库的可靠性,需要遵循一定的规则,在关系数据库中,这种规则称为范式。目前关系数据库存在多种范式:第一范式(1NF)、第二范式(2NF)、第三范式(3NF)、Boyce-Codd 范式(BCNF)、第四范式(4NF)以及第五范式(5NF)等。最基本的要求是满足第一范式,在第一范式的基础上满足特定的要求称为第二范式,以此类推,以下我们针对前三类范式的具体概念进行说明。

1. 1NF

1NF 是指数据库表的每一列都是不可分割的基本数据项,同一列中不能有多个值,即实体中的属性不能有多个值或重复的值,如司机信息表中,每一个司机都是一个实体,表中涵盖多个属性字段来表达"司机"这个实体,如"姓名""性别""年龄"等都是司机的属性,在这些属性中其值都是唯一的,如果产生了多个值或重复的值,那就表示有新的实体需要表达。

2. 2NF

2NF 建立在满足 1NF 要求的基础上,2NF 要求数据库表中的每个实例或数据行必须能被唯一区分。为实现该区分,每个表必须有一个(而且仅有一个)属性(或属性组)为主关键字(Primary Key),其他属性都完全函数依赖于主关键字,不存在部分函数依赖的关系。

3. 3NF

3NF 建立在满足 2NF 的基础上,要求任何非主属性不依赖于其他非主属性(在 2NF 基础上消除了传递函数依赖)。例如,存在一个班级信息表,其中每个班级有班级编号、班级名称、班级简介等信息。那么在学生信息表中列出班级编号后就不能再将班级名称、班级简介等与班级有关的信息记录在学生信息表中。

遵循数据库设计范式的作用是为了建立冗余小、结构合理的数据库结构,避免出现插入异常、删除异常和修改异常的问题。

四、常见关系数据库管理系统

关系数据库管理系统(Relational Database Management System:RDBMS)是指包括相互联系的逻辑组织和存取这些数据的数据库管理系统软件。关系数据库管理系统就是管理关系数据库,并将数据逻辑组织的系统。常用的关系数据库管理系统产品是 Oracle、MySQL 和微软的 SQL Server 等。

1. Oracle

Oracle 数据库系统是美国 Oracle 公司(甲骨文)提供的以分布式数据库为核心的一组软件产品,是目前最流行也是应用最广泛的 C/S 或 B/S 体系结构的数据库之一。作为一个通用的数据库系统,它具有完整的数据管理功能;作为一个关系数据库,它是一个完备关系的产品;作为分布式数据库它实现了分布式处理功能。系统可移植性好、使用方便、功能强,适用于各类大、中、小、微机环境。它是一种高效率、可靠性好的适应高吞吐量的数据库解决方案。

2. MySQL

MySQL 是一个关系型数据库管理系统,由瑞典 MySQL AB 公司开发,目前属于 Oracle 旗下产品。MySQL 是最流行的关系型数据库管理系统之一,在 WEB 应用方面,MySQL 是最好的关系数据库管理系统应用软件。

MySQL 是一种关系数据库管理系统,关系数据库将数据保存在不同的表中,而不是将所有数据放在一个大仓库内,这样就增加了速度并提高了灵活性。

MySQL 所使用的 SQL 语言是用于访问数据库的最常用标准化语言。MySQL 软件采用了双授权政策,分为社区版和商业版,由于其体积小、速度快、总体拥有成本低,尤其是开放源码这一特点,一般中小型网站的开发都选择 MySQL 作为网站数据库。

3. SQL Server

SQL Server 是一个关系数据库管理系统。它最初是由 Microsoft、Sybase 和 Ashton-Tate 三家公司共同开发的,于 1988 年推出了第一个 OS/2 版本。在 Windows NT 推出后,Microsoft 与 Sybase 在 SQL Server 的开发上就分道扬镳了,Microsoft 将 SQL Server 移植到 Windows NT 系统上,专注于开发推广 SQL Server 的 Windows NT 版本。Sybase 则较专注于 SQL Server 在 UNIX 操作系统上的应用。

虽然不同的数据库管理系统各有特点,但作为关系型数据库的产品,其基本功能和运用方式区别不大。表 3-1 给出了常用数据库产品情况。

表 3-1 常用数据库产品情况

产品名称	厂 家	备 注
Oracle	Oracle	多平台
MSSQL Server	Microsoft	Windows
SybaseSQL Server	Sybase	多平台
DB2	IBM	多平台
Informix	IBM	多平台
MySQL	Oracle	多平台 GPL 开源软件

第三节　Oracle 数据管理

随着军队信息化水平的不断提高，各种面向不同军事需求的信息系统层出不穷，与之配套的数据库、数据库仓库也将不断被开发出来。提高数据库的管理操作水平实际上就是提高了军事信息系统管理与运用的水平。本节开始学习全军较为通用的 Oracle 数据库的数据管理操作方法。

一、Oracle 数据库简介

Oracle 数据库系统是美国 Oracle 公司（甲骨文）提供的以分布式数据库为核心的一组软件产品，是目前最流行的 C/S 或 B/S 体系结构的数据库之一。

Oracle 数据库是目前世界上使用最为广泛的数据库管理系统，作为一个通用的数据库系统，它具有完整的数据管理功能；作为一个关系数据库，它是一个完备关系的产品；作为分布式数据库它实现了分布式处理的功能。由于 Oracle 良好的跨平台性，只要在一种机型上学习了 Oracle 知识，便能在各种类型的机器上使用它。

1. Oracle 数据库应用结构

随着网络技术的发展，Oracle 数据库在各个领域得到了广泛应用。基于 Oracle 数据库的应用系统结构主要分为客户/服务器结构、终端/服务器结构、浏览器/服务器结构和分布式数据库系统结构等。

1）客户/服务器结构

客户/服务器（Client/Server，C/S）结构是两层结构，如图 3-7 所示。在 C/S 结构中，需要在前端客户机上安装应用程序，通过网络连接访问后台数据库服务器。用户信息的输入、逻辑的处理和结果的返回都在客户端完成，后台数据库服务器接收客户端对数据库的操作请求并执行。

C/S 结构的优点是客户机与服务器可采用不同软、硬件系统，这样做的好处是应用与服务分离，安全性高，执行速度快；缺点是维护、升级不方便。

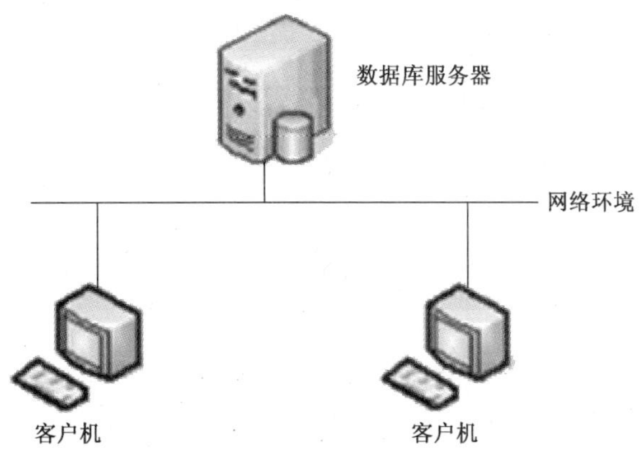

图 3-7　客户/服务器结构

2）终端/服务器结构

终端/服务器结构类似于客户/服务器结构。与客户/服务器结构不同之处在于，其所有的软件安装、配置、运行、通信、数据存储等都在服务器端完成，终端只作为输入和输出的设备，直接运行服务器上的应用程序，而没有处理能力。终端把鼠标和键盘的输入指令传递到服务器上集中处理，服务器把信息处理结果传回终端。

终端/服务器结构的优点是便于实现集中管理，系统安全性高，网络负荷低，对终端设备的要求低；缺点是对服务器性能的要求较高。

3）浏览器/服务器结构

浏览器/服务器（Browser/Server，B/S）结构是 3 层结构，如图 3-8 所示。在 B/S 结构中，客户端只需要安装浏览器就可以了，不需要安装具体的应用程序；中间的 Web 服务器层是连接前端客户机与后台数据库服务器的桥梁，所有的数据计算和应用逻辑处理都在此层实现。用户通过浏览器输入请求，传到 Web 服务器进行处理。如果需要，Web 服务器与数据库服务器进行交互，再将处理结果返回给用户。

B/S 结构的优点是通过 Web 服务器处理应用程序逻辑，这样方便了应用程序的维护和升级。通过增加 Web 服务器的数量可以增加支持客户机的数量。其缺点是增加了网络连接环节，降低了执行效率，同时也降低了系统的安全性。

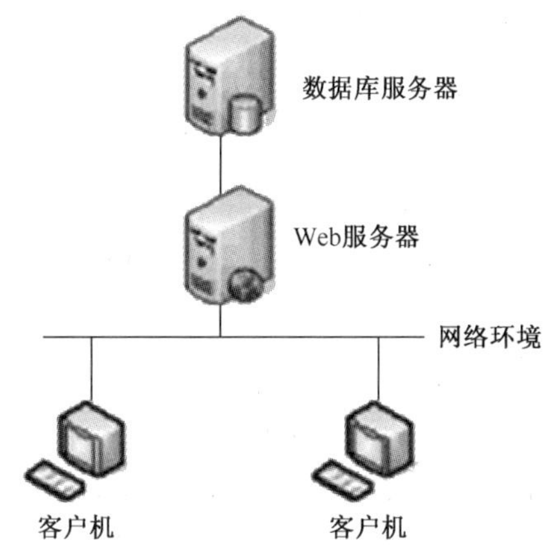

图 3-8 浏览器/服务器结构

4）分布式数据库的系统结构

数据库系统按数据分布方式的不同可以分为集中式数据库和分布式数据库。集中式数据库是将数据库集中在一台数据库服务器中，而分布式数据库是由分布于计算机网络上的多个逻辑相关的数据库所组成的集合，每个数据库都具有独立的处理能力，可以执行局部应用，也可以通过网络执行全局应用，如图 3-9 所示。

分布式数据库系统具有以下特点：

（1）数据分布于计算机网络的不同数据库中，这些数据库在物理上相互独立，但是在逻辑上集中，是一个统一的整体。

（2）可以数据共享，一个数据库用户既可以访问本地的数据库，也可以访问远程的数据库。

（3）兼容性好，各个分散的数据库服务器的软件、硬件平台可以互不相同。

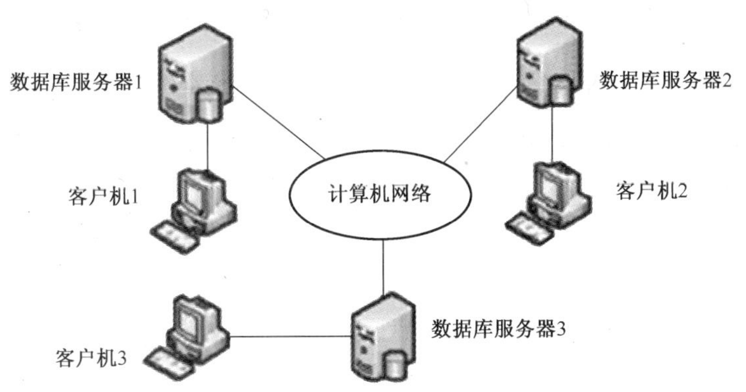

图 3-9 分布式数据库的系统结构

(4) 网络扩展性好,可以实现异构网络的互联。

2. Oracle11g 数据库的新特性

2007 年 7 月 12 日,Oracle 公司在美国纽约宣布推出 Oracle11g 数据库,这是当时 Oracle 公司推出的所有产品中最具创新性和质量最高的软件,得到了广泛应用。Oracle11g 数据库增强了 Oracle 数据库独特的数据库集群、数据中心自动化和工作量管理功能,可以在安全的、高度可用的、可扩展的、由低成本服务器和存储设备组成的网络上满足最苛刻的交易处理、数据仓库和内容管理应用。

1) 自助式管理和自动化能力

Oracle11g 的各项管理功能可用来帮助企业轻松管理企业网格,并满足用户对服务级别的要求。Oracle11g 数据库引入了更多的自助式管理和自动化功能,帮助客户降低系统管理成本,同时提高客户数据库应用的运行性能、可扩展性、可用性和安全性。Oracle11g 数据库新的管理功能包括:自动 SQL 和存储器微调;新的划分顾问组件自动向管理员建议,帮助确定如何对表和索引进行分区以提高性能;增强的数据库集群性能诊断功能。另外,Oracle11g 数据库还具有新的支持工作台组件,其易于使用图形界面向管理员呈现与数据库健康有关的差错以及迅速消除差错的信息。

Oracle11g 数据库还可方便地部署在任何服务器上,从小型刀片服务器到最大型的 SMP 服务器皆可。

2) Oracle Data Guard 组件

Oracle11g 数据库的 Oracle Data Guard 组件可帮助客户利用备用数据库,以提高生产环境的性能,并保护生产环境免受系统故障和大面积灾难的影响。利用 Oracle Data Guard 组件可以同时读取和恢复单个备用数据库,这种功能是业界独一无二的,因此 Oracle Data Guard 组件可用于生产数据库的报告、备份、测试和"滚动"升级。通过将工作量从生产系统卸载到备用系统,Oracle Data Guard 组件还有助于提高生产系统的性能,并形成一个更经济的灾难恢复解决方案。

3) 数据分区和压缩功能

Oracle11g 数据库具有极新的数据分区和压缩功能,可实现更经济的信息生命周期管理和存储管理。很多原来需要手工完成的数据分区工作在 Oracle11g 数据库中都实现了自动化,Oracle11g 数据库还扩展了已有的范围、散列和列表分区功能,增加了间隔、索引和虚拟卷分区功能。另外,Oracle11g 数据库还具有一套完整的复合分区选项,可以实现以业务规则为导向的存储管理。

Oracle11g 数据库以成熟的数据压缩功能为基础,可在交易处理、数据仓库和内容管理环境中实现先进的结构化和非结构化数据压缩。采用 Oracle11g 数据库中先进的压缩功能,所有数据都可以实现 2~3 或更高的压缩比。

4) 全面回忆数据变化

Oracle11g 数据库具有 Oracle 全面回忆(Oracle Total Recall)组件,可帮助管理员查询在过去某些时刻指定的表中的数据。管理员可以利用这种简单实用的方法为数据增加时间维度,以跟踪数据变化、实施审计并满足法规要求。

5) 闪回交易和"热修补"

在保护数据库应用免受计划外停机和意外死机影响方面,Oracle 在业界一直处于领先水平。Oracle11g 数据库进一步增强了这种领先地位,数据库管理员现在可以更轻松地实现用户的可用性预期。新的可用性功能包括:Oracle 闪回交易(Oracle Flashback Transaction),可以轻松撤销错误交易及任何相关交易;并行备份和恢复功能,可改善海量数据库的备份和存储性能;通过"热修补"功能,可以不必关闭数据库就可以进行数据库修补,提高了系统可用性。另外,新的顾问软件——数据恢复顾问,可自动调查问题,充分智能地确定恢复计划并处理多种故障情况,从而极大地缩短数据恢复所需的停机时间。

6) Oracle 快速文件

Oracle11g 数据库具有在数据库中存储大型对象的功能,这些对象包括图像、大型文本对象或一些先进的数据类型,如 XML、医疗成像数据和三维对象。Oracle 快速文件(Oracle Fast Files)组件使数据库应用性能完全比得上文件系统的性能。通过存储更广泛的企业信息并迅速、轻松地检索这些信息,企业可以对自己的业务了解得更深入,并更快地对业务做出调整以适应市场变化。

7) 更快的 XML

在 Oracle11g 数据库中,XML DB 的性能获得了极大提高。XML DB 是 Oracle 数据库的一个组件,可帮助用户以本机方式存储和操作 XML 数据。Oracle11g 数据库增加了对二进制 XML 数据的支持,现在用户可以选择适合自己的特定应用和性能需求的 XML 存储选项。XML DB 还可以通过支持 XQuery、JSR-170、SQL/XML 等标准的业界标准接口来操作 XML 数据。

8) 嵌入式 OLAP 行列

Oracle11g 数据库在数据仓库方面也进行了创新。OLAP 行列现在可以在数据库中像物化图那样被使用,因此开发人员可以用业界标准 SQL 语言实现数据查询,同时仍然受益于 OLAP 行列所具有的高性能。新的连续查询通知(Continuous Query Notification)组件在数据库数据发生重要变化时会立即通知应用软件,不会出现由于不断轮询而加重数据库负担的情况。

9) 查询结果高速缓存和驻留连接池

Oracle11g 数据库增强了查询结果高速缓存的功能,进一步巩固了在数据库运行性能方面的业界领先地位。服务器查询结果高速缓存中存储各种查询、PL/SQL 函数调用等结果,以供所有用户即时透明地重用,客户端查询结果高速缓存中存储的是从服务端返回的数据,可供所有共享相同客户端的应用程序重用,而不必再从服务器端重复返回查询结果。

数据库驻留连接池(Database Resident Connection Pooling)功能通过为非多线程应用提供连接汇合,提高了 Web 系统的可扩展性。数据库驻留连接池把数据库服务器进程和会话结合起来,将从单主机或不同主机发出的多个用户进程的连接进行共享。由一个连接代理进程控制数据库后台进程中的池服务器。连接代理会持续地连接用户并对用户进行验证。当需要进行某种数据库活动时,用户将请求连接代理提供池服务器,使用完毕后再将它们释放以供其他用户重新使用。池服务器处在使用当中时,它就相当于一台专用服务器。

10) 增强应用开发

Oracle11g 数据库提供多种开发工具供开发人员选择,它提供的简化应用开发流程可以充分利用 Oracle11g 数据库的关键功能,这些关键功能包括:客户端高速缓存、提高应用速度的二进制 XML、XML 处理,以及文件存储和检索。另外,Oracle11g 数据库还具有新的 Java 实时编译器,无须第三方编译器就可以更快地执行数据库的 Java 程序;为开发在 Oracle 平台上运行的 . NET 应用,实现了与 Visual Studio 2005 的本机集成;与 Oracle 快捷应用配合使用的 Access 迁移工具;使用 SQL Developer 可以轻松地建立查询,以快速编制 SQL 和 PL/SQL 例程代码。

此外,Oracle11g 数据库在安全性方面也有很大提高。增强了 Oracle 透明数据加密功能,将这种功能扩展到了卷级加密之外。Oracle11g 数据库具有表空间加密功能,可用于加密整个表、索引和所存储的其他数据。存储在数据库中的大型对象也可以加密。

3. Oracle11g 管理工具

Oracle11g 数据库常用的管理工具包括以下 10 种:

(1) Oracle Universal Installer:安装 Oracle 软件和选件;可以自动启动 Database Configuration Assistant 以创建数据库。

(2) Database Configuration Assistant(DBCA):通过 Oracle 提供的模板创建数据库,可以复制预配置的种子数据库(或者也可以创建自己的数据库和模板)。

(3) Database Upgrade Assistant(DBUA):指导用户将现有数据库升级至 Oracle 新版本。

(4) Oracle Net Manager:配置 Oracle DB 与应用程序的网络连接。

(5) Oracle Enterprise Manager(EM):组合了图形控制台、代理、公用服务和多种工具,为管理 Oracle 产品提供了一个集成的综合性系统管理平台。在安装 Oracle 软件、创建或升级数据库以及配置网络之后,可以将 EM 用作管理数据库的单一界面。它除了为执行 SQL 命令提供基于 Web 的用户界面外,还与用于管理数据库的其他 Oracle 组件(例如,Oracle Recovery Manager 和 Oracle Scheduler 等)进行交互。

(6) SQL * Plus:提供用于管理数据库的标准命令行界面。

(7) Recovery Manager(RMAN):一款可以提供完整解决方案的 Oracle 工具,可用于对整个数据库或特定的数据库文件进行备份、还原和恢复。

(8) Oracle Secure Backup:提供针对 Oracle Ecosystem 的磁带备份管理功能,包括:

① 通过与 Oracle Recovery Manager 集成,提供备份至磁带的 Oracle DB 保护;

② 无缝支持 Oracle Real Application Clusters（RAC）；

③ 对分布式客户机和介质服务器（包括 Oracle Application Server、Oracle Collaboration Suite、Oracle 主目录和二进制文件）进行集中管理。

（9）数据泵：用于在数据库之间进行高速数据传输（例如，用户可能需要导出某个表，然后将其导入另一数据库）。

（10）SQL * Loader：用于将来自外部文件的数据加载到 Oracle DB 中；它是可用于将数据加载到数据库表中的多个 Oracle 实用程序之一。

二、Oracle 管理工具的使用

围绕 Oracle 数据库产品，Oracle 公司和第三方公司提供了一系列数据库的开发和管理工具。

1. Oracle JDeveloper

Oracle JDeveloper 是一个免费的非开源的集成开发环境，通过支持完整的开发生命周期简化了基于 Java 的 SOA 应用程序和用户界面的开发。Oracle JDeveloper 界面如图 3-10所示。

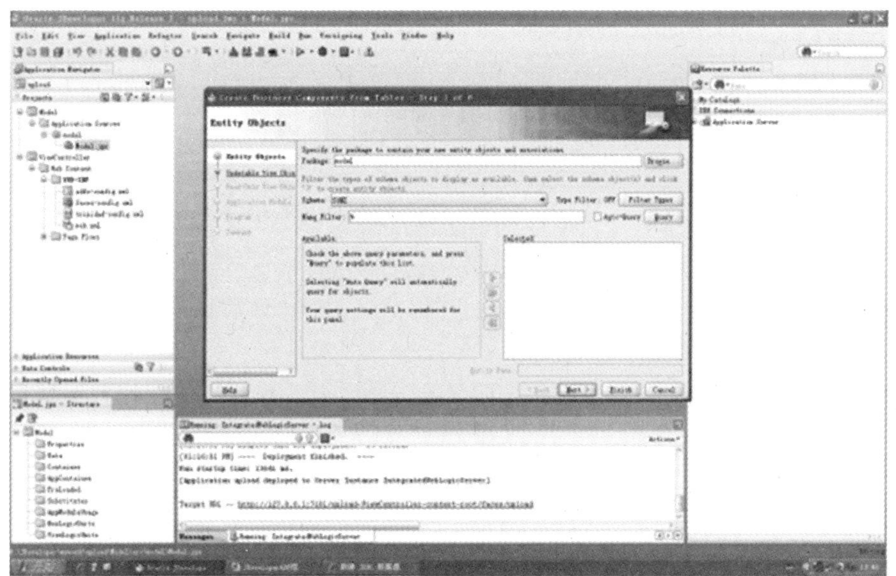

图 3-10 Oracle JDeveloper 界面

Oracle JDeveloper 为构建具有 J2EE 功能，XML 和 Web Services 的复杂的，多层的 JAVA 应用程序提供了一个完全集成的开发环境。JDeveloper 为运用 Oracle 数据库和应用服务器的开发人员提供特殊功能和增强性能，除此以外，它也是多种用途 JAVA 开发的一个强大的工具。

2. Oracle Designer 与 Power Designer

Oracle Designer 工具集提供了一种在 RAD 风格的用户界面下开发企业 Web 应用和客户/服务器应用的集成式解决方案。不论是业务建模还是应用部署，Oracle Designer 可以跨越软件开发生命周期的每一个阶段。其信息仓储驱动的方法允许其任一或所有部件都可用于可伸缩、跨平台、分布式应用的快速开发。

Power Designer 是 Sybase 公司的 CASE 工具集,使用它可以方便地对管理信息系统进行分析设计,它几乎包括了数据库模型设计的全过程。利用 Power Designer 可以制作数据流程图、概念数据模型、物理数据模型,还可以为数据仓库制作结构模型,也能对团队设计模型进行控制。他可以与许多流行的软件开发工具,如 PowerBuilder、Delphi、VB 等相配合使开发时间缩短和使系统设计更优化。

Power Designer 是能进行数据库设计的强大的软件,是一款开发人员常用的数据库建模工具。使用它可以分别从概念数据模型(Conceptual Data Model)和物理数据模型(Physical Data Model)两个层次对数据库进行设计。在这里,概念数据模型描述的是独立于数据库管理系统的实体定义和实体关系定义;物理数据模型是在概念数据模型的基础上针对目标数据库管理系统的具体化。图 3-11 给出了 Power Designer 的界面。

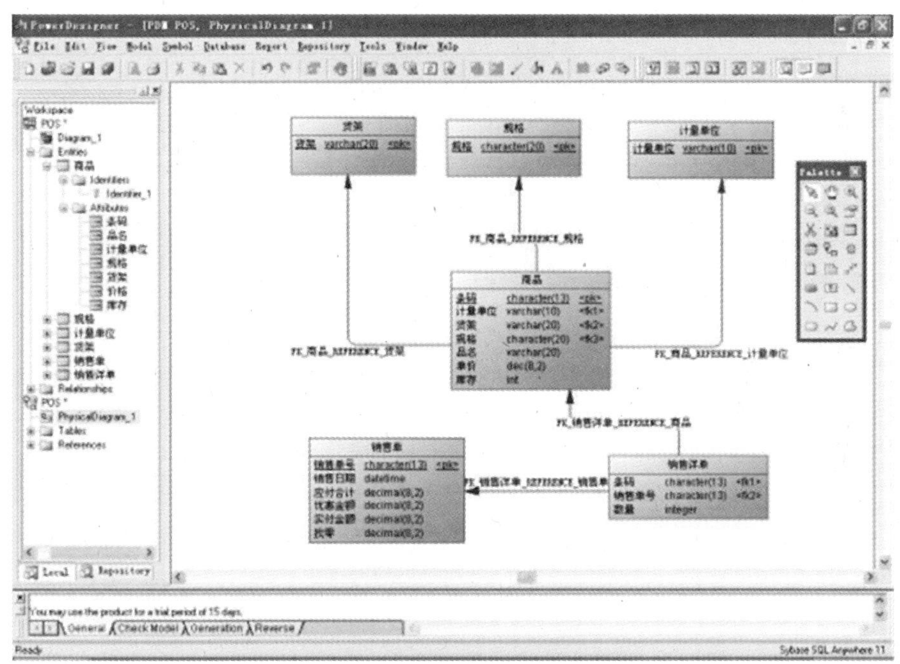

图 3-11 Power Designer 的界面

3. Oracle SQL Developer

Oracle SQL Developer 是 Oracle 公司出品的一个免费的集成开发环境。是一个免费非开源的用以开发数据库应用程序的图形化工具,使用 SQL Developer 可以浏览数据库对象、运行 SQL 语句和脚本、编辑和调试 PL/SQL 语句。另外还可以创建执行和保存报表。该工具可以连接任何 Oracle 数据库,支持 Windows、Linux 和 Mac OS 系统。对于信息系统管理者,Oracle SQL Developer 非常适合数据库的维护工作,但是现在 Oracle SQL Developer 的市场份额基本都被 PL/SQL Developer 所占有。图 3-12 给出了 Oracle SQL Developer 的界面。

4. PL/SQL Developer

PL/SQL Developer 是一个集成开发环境,由 Allround Automations 公司开发,专门面向 Oracle 数据库存储的程序单元的开发。如今,有越来越多的商业逻辑和应用逻辑转向了

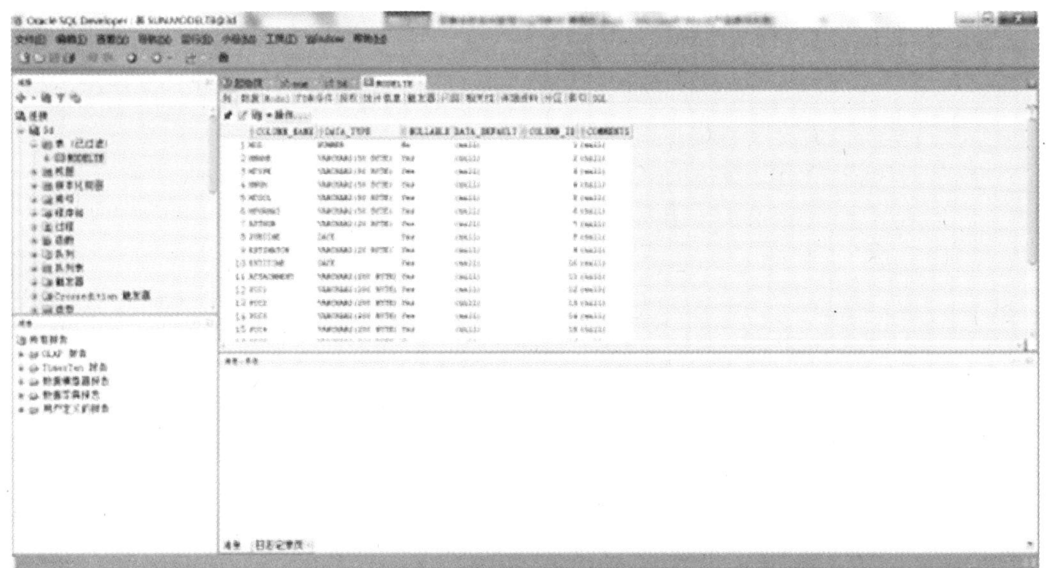

图 3-12 Oracle SQL Developer 的界面

Oracle Server，因此，PL/SQL 编程也成了整个开发过程的一个重要组成部分。PL/SQL Developer 侧重于易用性、代码品质和生产力，充分发挥 Oracle 应用程序开发过程中的主要优势。图 3-13 给出了 PL/SQL Developer 的界面。

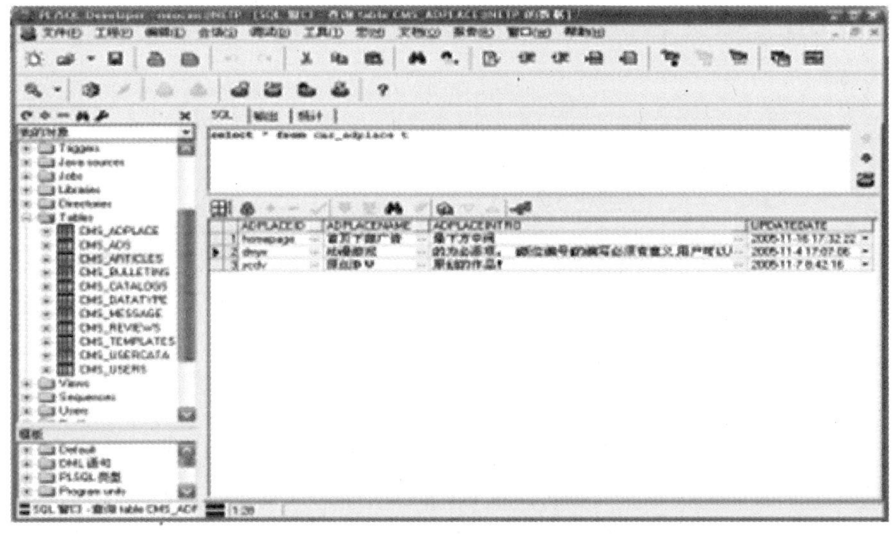

图 3-13 PL/SQL Developer 的界面

除 PL/SQL Developer 之外，还可以使用其他第三方公司工具，如 Navicat for Oracle 和 Toad for Oracle 等。

Navicat for Oracle 是一套专为 Oracle 设计的强大数据库管理及开发工具。它可以用于任何版本的 Oracle 数据库，并支持大部分 Oracle 的功能，包括触发器、索引、检视等。

Toad for Oracle 是一款老牌的 Oracle 开发管理工具，比任何一款 Oracle 开发管理工具功能更多，并针对使用者不同的角色有多个分支版本。版本包括：Toad DBA Suite for

Oracle 是一款专门为 Oracle DBA 管理 Oracle 数据库工具，Toad Development Suite for Oracle 是一款专门为 Oracle 开发工具，Toad DBA Suite for Oracle-Exadata Edition 是一款专门为 Oracle Exadata 一体服务器及 Oracle 数据库管理工具，Toad DBA Suite for Oracle-RAC Edition 是一款专门为 Oracle 搭建集群 RAC 的 DBA 管理工具。

三、Oracle11g 的安装与卸载

Oracle11g 数据库服务器可以在 Windows、Linux 和 Solaris 等多种不同的操作系统平台上安装和运行。在安装 Oracle11g 数据库服务器之前，必须完成一些必要的准备工作，否则可能导致出现安装失败或安装后系统内部信息丢失等现象。

1. Oracle11g 对系统软、硬件的要求

为了在 Windows 7 操作系统中安装 Oracle11g 数据库服务器，系统必须满足以下要求：

(1) CPU：主频最小 550MHz。

(2) 内存(RAM)：最低 1GB。

(3) 硬盘空间(NTFS 格式)：典型安装需要 5.364GB，高级安装需要 4.904GB。

(4) 虚拟内存：最小为 RAM 的 2 倍。

(5) 监视器：256 色。

(6) 分辨率：最小为 1024×768。

(7) 网络协议：TCP/IP、支持 SSL 的 TCP/IP、Named Pipes。

(8) 浏览器：IE5、IE6、IE7。

2. 安装准备

为了保证 Oracle11g 数据库服务器的正常安装，以及安装后能够正常运行，需要在安装前进行下列准备：

(1) 启动操作系统，以管理员身份登录。

(2) 检查计算机名称及当前操作系统管理员名称中是否包含中文字符，如果包含中文字符，则需要将其修改为没有中文字符的名称，并重新启动操作系统。

(3) 检查服务器系统是否满足软、硬件要求。若要为系统添加一个 CPU，则必须在安装数据库服务器之前进行，否则数据库服务器无法识别新的 CPU。

(4) 对服务器进行正确的网络配置，并记录 IP 地址和域名等网络配置信息。如果操作系统采用动态 IP 配置，需要预先安装一个回环网络适配器(Microsoft Loop Back Adapter)，并配置一个静态 IP。

(5) 如果服务器上有其他 Oracle 服务运行，必须在安装前将它们全部停止。

(6) 如果服务器上有以前版本的 Oracle 数据库运行，则必须对其数据进行备份。

(7) 确定数据库服务器的安装类型、安装位置及数据库的创建方式。

(8) 准备好要安装的 Oracle11g 数据库服务器软件产品。

3. 回环网络适配器安装与配置

允许将 Oracle11g 数据库安装在采用动态 IP 地址的计算机上，但是需要在安装数据库软件之前安装一个回环网络适配器(Microsoft Loop Back Adapter)，并配置一个静态的 IP 地址，作为系统的主网络适配器。

下面介绍在 Windows 7 操作系统中安装与配置回环网络适配器的步骤。

(1) 单击“开始”按钮,在“搜索程序和文件”文本框中输入“hdwwiz”命令,按回车键进入“欢迎使用添加硬件向导”对话框。

(2) 单击“下一步”按钮,进入“这个向导可以帮助用户安装其他硬件”对话框。

(3) 选择“安装我手动从列表选择的硬件(高级)”单选项后,单击“下一步”按钮,进入硬件类型选择对话框。

(4) 从“常见硬件类型”列表中选择“网络适配器”后,单击“下一步”按钮,进入“选择网络适配器”对话框。

(5) 从“厂商”列表中选择 Microsoft,从“网络适配器”列表中选择 Microsoft Loopback Adapter,单击“下一步”按钮,进入“向导准备安装您的硬件”对话框,单击“下一步”按钮,开始 Microsoft Loopback Adapter 网络适配器的安装。

(6) 出现“正在完成添加硬件向导”对话框后,单击“完成”按钮,结束回环网路适配器的安装。

(7) 打开“控制面板→网络和 Internet→网络和共享中心”后,进入“网络和共享中心”对话框,单击此对话框左侧列表中的“更改适配器设置”链接,进入“网络连接”对话框,可以发现新添加的 Microsoft Loopback Adapter 网络适配器,如“本地连接 2”。

(8) 双击新建的 Microsoft Loopback Adapter 网络适配器所对应的本地连接图标,进入“本地连接 2 状态”对话框。单击“属性”按钮,进入“本地连接 2 属性”对话框。选择“Internet 协议版本 4 (TCP/Ipv4)”,单击“属性”按钮,进入“Internet 协议版本 4 (TCP/Ipv4)属性”对话框,设置一个静态 IP 地址。

4. 安装 Oracle11g 数据库服务器

以下载 Oracle11g R2 for Windows 的版本为例,下载地址:

http://www.oracle.com/technetwork/database/enterprise-edition/downloads/index.html

其中包括两个压缩包:win64_11gR2_database_1of2.zip,win64_11gR2_database_2of2.zip。

Oracle Universal Installer(OUI)是基于 Java 技术的图形界面安装工具,利用它可以很方便地在不同操作系统平台上完成对不同类型的、不同版本的 Oracle 软件的安装。安装过程如下:

(1) 双击 setup.exe 文件,启动 OUI。OUI 先根据 install\oraparam.int 文件中的参数设置情况对计算机的软、硬件的安装环境进行一次快速的先决条件检查,并输出检查结果,如图 3-14 所示。如果计算机的软、硬件环境不满足最小需求,则返回一个错误并异常终止。

图 3-14　系统软、硬件先决条件检查

（2）系统软、硬件符合安装要求后，进入“配置安全更新”对话框。

（3）在出现的“配置安全更新”窗口中，取消“我希望通过 My Oracle Support 接收安全更新”复选框的选中状态，单击“下一步”按钮进入“选择安装选项”对话框。

（4）在“安装选项”窗口中，选择“创建和配置数据库”，单击“下一步”按钮进入“系统类”对话框。

（5）在“系统类”窗口中，选择“桌面类”，单击“下一步”。

（6）在“典型安装”窗口中，选择 Oracle 的基目录，选择“企业版”和“默认值”并输入统一的密码：Oracle11g，单击“下一步”。

（7）在“先决条件检查”窗口中，单击“下一步”。

（8）在“概要”窗口中，单击“完成”，即可进行安装。

（9）数据库创建完成后，在“Database Configuration Assistant”界面选择“口令管理”，查看并修改以下用户：

① 普通用户：SCOTT（密码：tiger）。

② 普通管理员：SYSTEM（密码：manager）。

③ 超级管理员：SYS（密码：change_on_install）。

修改完成后，单击“确定”。

（10）在“完成”窗口中，单击“关闭”完成对 Oracle11g 数据库的安装。

5. 卸载 Oracle11g 产品

如果 Oracle 数据库服务器出现故障无法恢复，或由于某些特殊原因需要卸载数据库服务器产品，可以按下面的步骤完全卸载数据库服务器产品。

（1）停止所有 Oracle 相关的服务。

打开 Oracle 相关服务对话框，选定想要停止的服务右击，在弹出的快捷菜单中选择“停止”选项。

（2）卸载 Oracle11g 数据库服务器组件。

选择“开始→所有程序→Oracle-OraDb11g_home1→Oracle 安装产品→Universal Installer”命令，在弹出的“欢迎使用”对话框中单击“卸装产品”按钮，出现卸载组件选择对话框。选择要删除的 Oracle 组件，单击“删除”按钮。

（3）删除系统安装盘中的 Program Files\Oracle 目录（如 C：\Program Files\Oracle）。每次安装完 Oracle 产品后，相关信息都会记录在该目录中。如果忘记删除，则再次安装数据库时会出现错误。

（4）手工删除注册表中与 Oracle 相关内容。

选择“开始→运行”命令，输入 regedit，单击“确定”按钮，打开注册表编辑器。删除 HKEY_LOCAL_MACHINE\SOFTWARE 下的 Oracle 选项。

删除 HKEY_LOCAL_MACHINE\SYSTEM\CurrentControlSet\Services 下与 Oracle 服务相关选项。删除 HKEY_LOCAL_MACHINE \SYSTEM\CurrentControlSet\Services\Eventlog\Application 下以 Oracle 开始的项，即删除事件日志。

（5）删除 Oracle 环境变量。

右击“我的电脑”，选择“属性”命令进入“系统属性”对话框，选择“高级”标签，单击“环境变量”按钮，在弹出的“环境变量”对话框中先后选中“PATH”和“TEMP”变量，单击

“编辑”按钮，弹出“编辑用户变量”对话框，分别删除 PATH 变量和 TEMP 变量中记录的 Oracle 相关路径。

（6）选择“开始→所有程序”命令，查看是否存在 Oracle 程序组，如果存在，则将其删除。

（7）关闭计算机，重新启动系统。

（8）删除 Oracle 安装目录（如 D:\Oracle）。

注意：从 Oracle11g 的 11.2.0.1 版本开始，Oracle 提供了一个用于卸载数据库产品的工具 deinstall，它位于 Oracle 主目录的 deinstall 目录中（ORACLE_ HOME\deinstall）。在 Windows 7 操作系统中，右击可执行程序 deinstall.exe，在弹出的菜单中选择“以管理员身份运行”选项，运行该工具，可以完全卸载 Oracle 产品。

四、Oracle11g 数据库服务器配置

完成 Oracle11g 数据库服务器安装后，需要检查系统安装结果，包括查看程序组、安装的产品清单、系统服务、文件结构，同时可登录数据库进行数据库服务器可用性检查。

1. Oracle11g 数据库服务器安装结果检查和验证

1）程序组

选择“开始→所有程序→Oracle-OraDb11g_home1”，可以查看 Oracle11g 数据库软件程序组。Oracle11g 程序组分为 Database Control、Oracle 安装产品、Warehouse Builder、集成管理工具、配置和移植工具、应用程序开发等几类，如图 3-15 所示。

图 3-15 Oracle11g 程序组

2）产品清单

选择“开始→所有程序→Oracle-OraDb11g_home1→Oracle 安装产品→Universal Installer”命令，进入“Oracle Universal Installer：欢迎使用”对话框，单击“已安装产品”按钮进入“产品清单”对话框。在“内容”标签页中列出了已经安装的 Oracle 产品。选择一个产品后，单击“详细资料”按钮，可以查看该产品的详细信息；单击“删除”按钮，可以删除该产品。在“环境”标签页中列出了 Oracle 主目录信息。

3）系统服务

在 Windows 7 操作系统中，操作系统通过服务来管理安装好的 Oracle11g 数据库产品的运行。选择“开始→控制面板→管理工具→服务”命令，出现系统的“服务”对话框，其中与 Oracle 有关的服务，如图 3-16 所示。

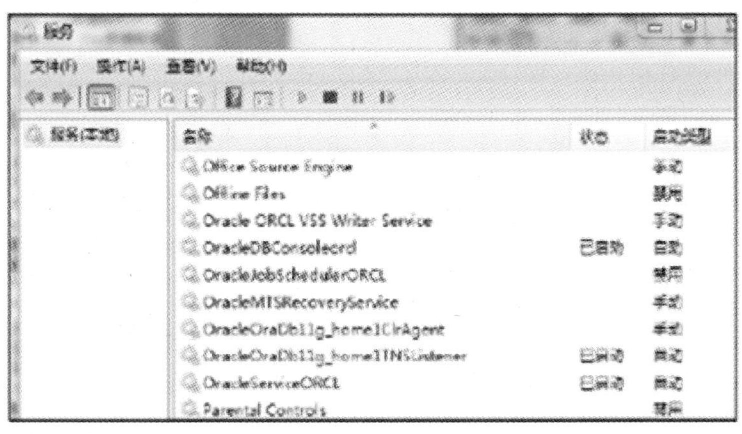

图 3-16 “服务”对话框中 Oracle 相关服务对话框

Oracle 服务随着数据库服务器安装与配置的不同而有所不同。

（1）OracleServiceORCL：数据库服务（数据库实例），是 Oracle 的核心服务，是数据库启动的基础，只有该服务启动，Oracle 数据库才能正常启动（必须启动）。

（2）OracleOraDb11g_home1TNSListener：监听器服务，该服务只有在远程访问数据库时才需要（无论是远程计算机还是本地计算机，凡是通过 Oracle Net 网络协议连接数据库的访问都属于远程访问）（必须启动）。

（3）OracleOraDb11g_home1ConfigurationManager：配置 Oracle 启动时候的参数的服务（非必须启动）。

（4）OracleOraDb11g_home1ClrAgent：提供对 .NET 支持的 Oracle 数据库扩展服务（非必须启动）。

（5）OracleJobSchedulerORCL：提供数据库作业调度服务（非必须启动）。

（6）OracleDBConsoleorcl：Oracle 控制台服务，即企业管理器服务。只有该服务启动了，才可以使用 Web 方式的企业管理器来管理数据库（非必须启动）。

（7）OracleVssWriterORCL：Oracle 对 VSS 提供支持的服务（非必须启动）。

（8）OracleMTSRecoveryService：允许数据库充当一个微软事务服务器、COM/COM+对象和分布式环境下的事务资源管理器的服务。

Oracle 服务的启动类型分为“自动”“手动”和“禁用”三类，如果启动类型为“自动”，则操作系统启动时该服务也启动。由于 Oracle 服务占用较多的内存资源，会导致操作系统启动变慢，因此，如果不经常使用 Oracle，可以把这些服务由“自动”启动改为“手动”启动。方法是：右击要修改启动类型的服务，在弹出的快捷菜单中选择“属性”命令，在弹出的服务属性对话框，在此将“启动类型”由“自动”改为“手动”。

需要注意的是，如果将某些服务的启动类型改为“手动”，那么以后要启动 Oracle 某个服务，就必须手动启动该服务。启动的方法是：右击要启动的服务名称，在弹出的快捷菜单中选择“启动”命令。

4）文件体系结构

Oracle11g 数据库服务器软件、数据库的数据文件、目录的命名及存储位置都遵循一定的规则，按这种规则建立的文件体系结构称为 Oracle 最佳灵活体系结构，即 OFA（Optimal Flexible Architecture）。利用 OFA 体系结构，可以将 Oracle 系统的管理文件、数据文件、跟踪文件等完全分离，从而简化数据库系统的管理工作。

Oracle11g 数据库服务器安装完后的树形目录结构中，在基目录（ORACLE_BASE）D：\app\Administrator 下有 7 个子目录。

（1）admin：以数据库为单位，主要存放数据库运行过程中产生的跟踪文件，包括后台进程的跟踪文件、用户 SQL 语句跟踪文件等。

（2）cfgtoollogs：存放运行 dbca、emca 和 netca 图像化程序时产生的日志信息。

（3）checkpoints：存放数据库检查点相关信息。

（4）diag：以组件为单位，集中存储数据库中各个组件运行的诊断信息。

（5）flash_recovery_area：以数据库为单位，当数据库启动自动备份功能时，存放自动备份的文件、数据库的闪回日志文件。

（6）oradata：以数据库为单位，存放数据库的物理文件，包括数据文件、控制文件和重做日志文件。

（7）product：存放 Oracle11g 数据库管理系统相关的软件，包括可执行文件、网络配置文件和脚本文件等。

此外，在 Oracle 清单目录 C>：\Program Files\Oracle\Inventory 中保存了已经安装的 Oracle 软件的列表清单。在下次安装其他 Oracle 组件时，Oracle 会读取这些信息。该目录中的内容是由 Oracle 自动维护的，用户不能对其进行操作。

5）网络配置

安装好数据库服务器后，可以查看网络配置情况、测试与数据库的连接是否正常等。

选择“开始→所有程序→Oracle-OraDb11g_home1→配置和移植工具→Net Manager”命令，进入 Oracle Net Manager 对话框。在该对话框中可以进行数据库服务器的网络配置，包括查看概要文件、服务命名、监听程序的配置信息；同时还可以进行概要文件、服务命名、监听程序的配置，以及测试与数据库的连接情况等。

6）利用企业管理器登录数据库

Oracle11g 企业管理器（Oracle Enterprise Manager，OEM）是一个图形化的集成管理工具，该工具通过 IE 浏览器与数据库服务器进行交互。

(1) 选择“开始→所有程序→Oracle-OraDb11g_home1→Database Control-orcl”,或者打开 IE 浏览器,在地址栏中输入 https://sfd:1158/em(sfd 为数据库服务器名,1158 为端口号)并按回车键,出现 OEM 登录界面。

(2) 输入用户名、口令,选择连接身份后,单击“登录”按钮,进入 OEM 主界面。如果是第一次启动 OEM,则会在单击“登录”按钮后出现“Oracle Database11g 许可授予信息”界面,单击“我同意”按钮后才能进入 OEM 主界面。

(3) 利用 OEM 主界面可以对数据库进行管理和维护。

7) 利用 SQL Plus 登录数据库

SQL Plus 是 Oracle11g 数据库内置的命令行工具,利用它可以执行 SQL 语句与 PL/SQL 程序。

选择“开始→所有程序→Oracl-OraDb11g_home1→应用程序开发”命令,右击 SQLPlus 选项,在弹出的快捷菜单中选择“以管理员身份运行”,打开 SQL Plus 的登录对话框,在其中输入用户名、口令来建立与数据库服务器的连接,如图 3-17 所示。

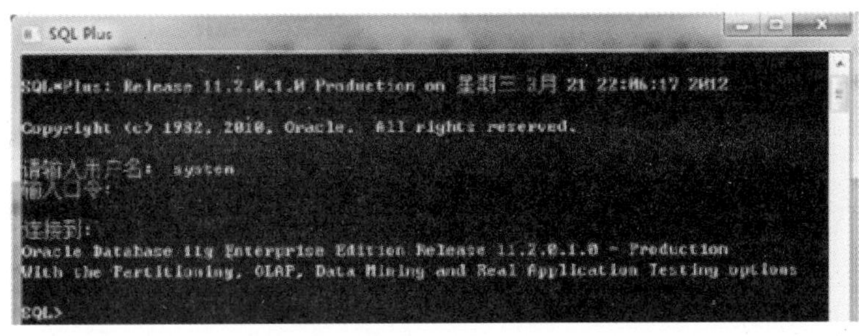

图 3-17 SQL Plus 工具

2. 配置监听程序

启动实例时,监听程序进程会建立一个指向 Oracle DB 的通信路径。用户进程发出连接请求时,监听程序会确定它应当使用共享服务器分派程序进程还是专用服务器进程,并建立相应的连接。监听程序还会建立数据库之间的通信路径。如果在一台计算机或一个集群(如 Oracle Real Application Clusters)上运行多个实例,服务名会自动注册到同一台计算机或同一个集群上的其他监听程序。一个服务名可以标识多个实例,而一个实例可以属于多个服务。连接到服务的客户机无须指定它们需要哪个实例。

使用 DBCA 配置 EM 之前,必须配置监听程序。Oracle Net Configuration Assistant (NetCA)是一个用于配置监听程序的简单工具。通过 NetCA,可以为 Oracle DB 配置监听协议地址和服务信息。安装数据库之后,请使用 NetCA 进行初始网络配置。

要配置新的监听程序,从命令提示符窗口启动 netca,然后执行下列步骤:

(1) 选择“Listener Configuration(监听程序配置)”;

(2) 选择要执行的操作;

(3) 出现提示时,输入监听程序的名称;

(4) 选择所需的协议;

(5) 指定监听程序的端口号(默认端口 1521);

（6）询问是否要配置其他监听程序时，选择“No（否）”；

（7）完成监听程序配置后，退出 netca 实用程序。

现在可以开始使用 DBCA 创建数据库。

五、SQL 语言介绍及基础知识

结构化查询语言 SQL（Structured Query Language）是最重要的关系数据库操作语言，并且它的影响已经超出数据库领域，得到其他领域的重视和采用，如人工智能领域的数据检索，第四代软件开发工具中嵌入 SQL 的语言等。

蓝色巨人 IBM 对 SQL 语言的形成和规范化产生了重大的影响，著名的关系数据库原型系统 SYSTEMR 就是 IBM 的研究成果，它就提供了初步的 SQL 语言，不过那时称为 SEQUL2。Oracle 在 1979 年率先推出了支持 SQL 的商用产品。

SQL 是 1986 年 10 月由美国国家标准局（ANSI）通过的数据库语言美国标准，接着，国际标准化组织（ISO）颁布了 SQL 正式国际标准。

1989 年 4 月，ISO 提出了具有完整性特征的 SQL89 标准，1992 年 11 月又公布了 SQL92 标准，在此标准中，把数据库分为三个级别：基本集、标准集和完全集。

1999 年，ISO/IEC 发布 SQL－1999 标准（SQL99，SQL3），2003 年，ISO/IEC 发布 SQL－2003 各种不同的数据库对 SQL 语言的支持与标准存在着细微的不同，这是因为，有的产品的开发先于标准的公布，另外，各产品开发商为了达到特殊的性能或新的特性，需要对标准进行扩展。现在已有 100 多种遍布在从微型计算机到大型机上的数据库产品 SQL。

使用 SQL 的数据库产品包括 Oracle 、DB2、SYSBASE、SQL/DS、INGRES、SQLSERVER、DBASEⅣ、PARADOX、MICROSOFT ACCESS 等，SQL 语言基本上独立于数据库本身、使用的机器、网络、操作系统，基于 SQL 的 DBMS 产品可以运行在从个人机、工作站到基于局域网、小型机和大型机的各种计算机系统上，具有良好的可移植性。

SQL 语言是一种交互式查询语言，允许用户直接查询存储数据，但它不是完整的程序语言，如它没有 DO 或 FOR 类似的循环语句，但它可以嵌入到另一种语言中，比如借用 VB、C、JAVA 等语言，通过调用级接口（Call Level Interface）直接发送到数据库管理系统。SQL 基本上是域关系演算，但可以实现关系代数操作。

SQL 的特点包括：

（1）一体化：SQL 集数据定义 DDL、数据操纵 DML 和数据控制 DCL 于一体。

（2）两种使用方式：自含语言，独立使用；嵌入使用，嵌入到 C、C++、FORTRAN、COBOL、JAVA 等主语言中使用。

（3）非过程化：只提操作要求，不必描述操作步骤，也不需要导航。

（4）语言简洁，语法简单，好学好用：在 ANSI 标准中，只包含 94 个英文单词，核心功能只用 6 个动词，语法接近英语口语。

六、SQL 数据定义语言

数据定义语言（Data Definition Language，DDL）是 SQL 语言集中负责数据结构定义与数据库对象定义的语言，由 CREATE、ALTER 与 DROP 三个语法所组成。目前大多数的 DBMS 都支持对数据库对象的 DDL 操作,部分数据库(如 PostgreSQL)可把 DDL 放在交易指令中,也就是它可以被撤回(Rollback)。较新版本的 DBMS 会加入 DDL 专用的触发程序,让数据库管理员可以追踪来自 DDL 的修改。

1. CREATE 语句

CREATE 是负责数据库对象的建立,包括数据库、数据表、数据库索引、预存程序、用户函数、触发程序或是用户自定型别等对象,都可以使用 CREATE 指令来建立,而因为各类数据库对象的不同,CREATE 也有很多的参数。

例如,CREATE DATABASE(建立数据库)的指令为:

```
CREATE DATABASE Sales
    ON ( NAME = Sales_dat, FILENAME ='saledat.mdf', SIZE = 10, MAXSIZE = 50,
FILEGROWTH = 5 )
    LOG ON ( NAME = Sales_log, FILENAME = 'salelog.ldf', SIZE = 5MB, MAXSIZE =
25MB, FILEGROWTH = 5MB )
```

其中的 ON 为数据库文件的声明,而 LOG ON 为交易记录档的声明。若需要更高级的设置,则还有 FOR 和 WITH 以及 COLLATE 等。

例如,CREATE TABLE(建立数据表)的指令为:

```
CREATE TABLE [dbo].[PurchaseOrderDetail]
(
    [PurchaseOrderID] [int] NOT NULL
        REFERENCES Purchasing.PurchaseOrderHeader(PurchaseOrderID),
        --具引用完整性限制字段
    [LineNumber] [smallint] NOT NULL,
    [ProductID] [int] NULL REFERENCES Production.Product(ProductID),
        --具引用完整性限制字段
    [UnitPrice] [money] NULL,
    [OrderQty] [smallint] NULL,
    .....
    CONSTRAINT [PK_PurchaseOrderDetail_PurchaseOrderID_LineNumber] --
主键
    PRIMARY KEY CLUSTERED ([PurchaseOrderID], [LineNumber])
    WITH (IGNORE_DUP_KEY = OFF)
)
ON [PRIMARY]
```

其中,每个字段的格式都有定义,并且若有需要建立参考完整性的链接时,可以使用 REFERENCES 来声明,主键则是用 PRIMARK KEY 来声明,计算型字段(Computed Field)则是直接给定表达式等,CREATE TABLE 指令很常用,但若设置起来会较为复杂,因此很多数据库管理人员都会使用 GUI 工具来设计。

CREATE 语句还可创建其他数据库对象:

(1) CREATE INDEX:建立数据表索引。

(2) CREATE PROCEDURE:建立预存程序。

(3) CREATE FUNCTION:建立用户函数。

(4) CREATE VIEW:建立查看表。

(5) CREATE TRIGGER:建立触发程序。

2. ALTER 语句

ALTER 是负责数据库对象修改的指令,相较于 CREATE 需要定义完整的数据对象参数,ALTER 则是依照要修改的幅度来决定使用的参数,因此使用上并不会太困难。例如:

```
ALTER TABLE doc_exa ADD column_b VARCHAR(20) NULL ;
    --在数据表 doc_exa 中加入一个新的字段,名称为 column_b,数据型别为 varchar
(20),允许 NULL 值。
ALTER TABLE doc_exb DROP COLUMN column_b ;
    --在数据表 doc_exb 中移除 column_b 字段。
```

3. DROP 语句

DROP 则是删除数据库对象的指令,并且只需要指定要删除的数据库对象名称即可,在 DDL 语法中算是最简单的。

例如:

```
DROP TABLE myTable; --删除 myTable 数据表。
DROP VIEW myView; --删除 myView 检视表。
```

七、SQL 数据控制语言

数据控制语言(DCL)是用来设置或者更改数据库用户或角色权限的语句,这些语句包括 GRANT、DENY、REVOKE 等语句,在默认状态下,只有 sysadmin、dbcreator、db_owner 或 db_securityadmin 等角色的成员才有权利执行数据控制语言。

1. GRANT 语句

GRANT 语句是授权语句,它可以把语句权限或者对象权限授予给其他用户和角色。授予语句权限的语法形式为:

```
GRANT {ALL | statement[,...n]} TO security_account [ ,...n ]
```

授予对象权限的语法形式为:

```
GRANT{ ALL [ PRIVILEGES ] |permission [ ,...n ] }{[ ( column [ ,...n ] ) ]ON {
table | view } | ON { table | view } [ ( column [ ,...n ] ) ] | ON {stored_procedure |
extended_procedure } | ON { user_defined_function } }TO security_account [ ,...n]
[ WITH GRANT OPTION ] [ AS { group | role} ]
```

2. DENY 语句

DENY 语句用于拒绝给当前数据库内的用户或者角色授予权限,并防止用户或角色通过其组或角色成员继承权限。否定语句权限的语法形式为:

```
DENY { ALL | statement [ ,...n ] } TO security_account [ ,...n ]
```

否定对象权限的语法形式为:

```
DENY{ ALL [ PRIVILEGES ] |permission [ ,...n ] } { [ ( column [ ,...n ] ) ] ON { table |view } |ON { table |view } [ ( column [ ,...n ] ) ] |ON { stored_procedure | extended_procedure } |ON {user_defined_function } } TO security_account [ ,...n ] [ CASCADE ]
```

3. REVOKE 语句

REVOKE 语句是与 GRANT 语句相反的语句,它能够将以前在当前数据库内的用户或者角色上授予或拒绝的权限删除,但是该语句并不影响用户或者角色从其他角色中作为成员继承过来的权限。

收回语句权限的语法形式为:

```
REVOKE { ALL |statement [ ,...n ] } FROM security_account [ ,...n ]
```

收回对象权限的语法形式为:

```
REVOKE[ GRANT OPTION FOR ] { ALL [ PRIVILEGES ] |permission [ ,...n ] } { [( column [ ,...n ] ) ] ON { table |view } |ON { table |view } [ (column [ ,...n ] ) ] | ON { stored_procedure |extended_procedure } |ON { user_defined_function } } { TO |FROM } security_account [ ,...n ][ CASCADE ] [ AS { group |role } ]
```

八、SQL 数据操纵语言

数据操纵语言 DML(Data Manipulation Language),用户通过它可以实现对数据库的基本操作。例如,对表中数据的查询、插入、删除和修改。

假如,数据库中有一个表,名为 Person,结构如表 3-2 所列。

表 3-2　Person 表结构

LastName	FirstName	Address	City
Gates	Bill	Xuanwumen 10	Beijing
Wilson		Champs-Elysees	

1. 插入操作

INSERT INTO 可以用于向表格中插入新的行。其语法格式如下:

```
INSERT INTO 表名称 VALUES (值 1, 值 2,…)
```

或者也可以指定所要插入数据的列:

```
INSERT INTO table_name (列 1, 列 2,…) VALUES (值 1, 值 2,…)
```

例如:

```
INSERT INTO Persons VALUES ('Gates', 'Bill', 'Xuanwumen 10', 'Beijing')
```

或者:

```
INSERT INTO Persons(LastName,Address) VALUES ('Wilson','Champs-Elysees')
```

我们还可以使用 INSERT INTO <target_table> SELECT <columns> FROM < source_table>高效地将大量行从一个表(如临时表)传输到按最小方式记录日志的其他表中。

2. 删除操作

DELETE 语句用于创建一个删除查询,可从列在 FROM 子句中的一个或多个表中删除记录,且该子句满足 WHERE 子句中的条件,可以使用 DELETE 删除多个记录。语法如下:

```
DELETE [table. * ] FROM table WHERE criteria
```

其中,table 参数用于指定从其中删除记录的表的名称;criteria 参数为一个表达式,用于指定哪些记录应该被删除的表达式。

可以使用 DROP 语句从数据库中放弃整个表。不过,若用这种方法删除表,将会失去表的结构。不同的是当使用 DELETE,只有数据会被删除,表的结构以及表的所有属性仍然保留,如字段属性及索引。

3. 更新操作

Update 语句用于修改表中的数据。语法如下:

```
UPDATE 表名称 SET 列名称 = 新值 WHERE 列名称 = 某值
```

例如,为 lastname 是 "Wilson" 的人添加 firstname:

```
UPDATE Person SET FirstName = 'Fred' WHERE LastName = 'Wilson'
```

例如,修改地址(address),并添加城市名称(city):

```
UPDATE Person SET Address = 'Zhongshan 23', City = 'Nanjing'WHERE LastName = 'Wilson'
```

更新结果如表 3-3 所列。

表 3-3 更新 Person 表

LastName	FirstName	Address	City
Gates	Bill	Xuanwumen 10	Beijing
Wilson	Fred	Zhongshan 23	Nanjing

4. 查询操作

SELECT 语句用于从表中选取数据,其语法格式如下:

```
SELECT 列名称 FROM 表名称
```

如需获取名为 "LastName" 和 "FirstName" 的列的内容(从名为 "Persons" 的数据库表),请使用类似这样的 SELECT 语句:

```
SELECT LastName, FirstName FROM Persons
```

查询结果如表 3-4 所列。

表 3-4 从 Person 表中选取列内容

LastName	FirstName
Gates	Bill
Wilson	Fred

如果想从 Persons 表中选取所有的列，可以用符号 * 取代列的名称，语句如下：

SELECT * FROM Persons 提示：星号（*）是选取所有列的快捷方式。

结果如表 3-5 所列。

表 3-5　获取 Person 表所有列

Id	LastName	FirstName	Address	City
1	Gates	Bill	Xuanwumen 10	Beijing
2	Wilson	Fred	Zhongshan 23	Nanjing

九、视图和存储过程的使用

视图和存储过程都是以 SQL 语句集存储的，而且在运行之前都是经过编译的，不用每次都重新编译，这样可以大大提高执行效率。视图可以让用户提取和他们有关的数据，有效提高安全保障及提升 query 效率；而存储过程是一个复杂的过程，涉及很多的数据处理，可以接收参数，相当于一个函数，主要目的是用来处理数据。顾名思义，其区别为一个重在“过程”，一个重在“图”。

事实上，两者其内部实现是基本一样的，提供者在开发这些对象时，是针对不同目的和不同应用的。

1. 视图

视图（View）实际上是一张或者多张表上的预定义查询，这些表称为基表。从视图中查询信息与从表中查询信息的方法完全相同。只需要简单的 SELECT…FROM 即可。

视图具有以下优点：可以限制用户只能通过视图检索数据。这样就可以对最终用户屏蔽建表时底层的基表；可以将复杂的查询保存为视图。可以对最终用户屏蔽一定的复杂性；限制某个视图只能访问基表中的部分列或者部分行的特定数据。这样可以实现一定的安全性；从多张基表中按一定的业务逻辑抽出用户关心的部分，形成一张虚拟表。

创建视图的语法结构：

```
CREATE [OR REPLACE] [{FORCE|NOFORCE}] VIEW view_name
AS
SELECT 查询
[WITH READ ONLY CONSTRAINT]
```

其中，OR REPLACE：如果视图已经存在，则替换旧视图。FORCE：即使基表不存在，也可以创建该视图，但是该视图不能正常使用，当基表创建成功后，视图才能正常使用。NOFORCE：如果基表不存在，无法创建视图，该项是默认选项。WITH READ ONLY：默认可以通过视图对基表执行增删改操作，但是有很多在基表上的限制（比如：基表中某列不能为空，但是该列没有出现在视图中，则不能通过视图执行 insert 操作）。

例如：

```
SQL> CREATE OR REPLACE VIEW empdetail
    AS
    SELECT EMPNO,ENAME,JOB,HIREDATE,EMP.DEPTNO,DNAME
    FROM EMP JOIN DEPT ON EMP.DEPTNO=DEPT.DEPTNO
    WITH READ ONLY
```

视图创建后就可以对其进行查询了。

2. 存储过程的使用

所谓存储过程(Stored Procedure),就是一组用于完成特定数据库功能的 SQL 语句集,该 SQL 语句集经过编译后存储在数据库系统中。在使用时候,用户通过指定已经定义的存储过程名字并给出相应的存储过程参数来调用并执行它,从而完成一个或一系列的数据库操作。

Oracle 存储过程包含三部分:过程声明,执行过程部分,存储过程异常。定义存储过程语法如下:

```
    CREATE[ ORREPLACE ]  PROCEDUR Eprocedure_name
    [parameter_name [ [ IN ] datatype [{:= | DEFAULT } expression ] | { OUT | IN
OUT } [ NOCOPY ] datatype
    ][,…]
    {IS | AS}
    BEGIN
    ....
    EXCEPTION
    ....
    END;
```

其中各项参数介绍如下:

ORREPLACE:表示如果指定的过程已存在,则覆盖同名存储过程。

procedure_name:要创建的存储过程名称。

parameter_name:表示存储过程中的参数名称。

[IN] datatype [{:= | DEFAULT } expression]:表示整个传入参数的数据类型以及默认值。其中,datatype 项表示参数的数据类型,[{:= | DEFAULT } expression]项表示参数的默认值的写法。

{ OUT | IN OUT } [NOCOPY] datatype:表示存储过程的参数类型,不过与上面的 IN 有所区别。其中,OUT 表示输出参数,IN OUT 表示既可输入也可输出的参数,datatype 依旧表示参数类型。

{IS | AS}:连接词。

BEGIN…END:这两个关键词的中间表示函数体,是存储过程的具体操作部分。

EXCEPTION:异常处理,如果没有抛出 exception,那就证明正常执行了。

例如,建立一个名为 runbyparmeters 的存储过程语句如下:

```
CREATE OR REPLACE PROCEDURE  runbyparmeters
    (isalIN emp.sal% type, sname OUTVARCHAR, job IN OUTVARCHAR)
AS
    icount NUMBER;
BEGIN
    select count( * ) into icount from emp where sal>isal and job=sjob;
    if icount=1 then
        ....
```

```
else
        ....
    end if;
EXCEPTION
    when too_many_rows then
        DBMS_OUTPUT.PUT_LINE('返回值多于1行');
    when others then
        DBMS_OUTPUT.PUT_LINE('在RUNBYPARMETERS过程中出错!');
END;
```

其中,参数IN表示输入参数,是参数的默认模式。OUT表示返回值参数,类型可以使用任意Oracle中的合法类型。OUT模式定义的参数只能在过程体内部赋值,表示该参数可以将某个值传递回调用它的过程,IN OUT表示该参数可以向该过程中传递值,也可以将某个值传出去。

存储过程定义后,可以通过以下代码进行调用:

```
DECLARE
    realsal emp.sal%type;
    realname varchar(40);
    realjob varchar(40);
BEGIN    //过程调用开始
    realsal:=1100;
    realname:='';
    realjob:='CLERK';
    runbyparmeters(realsal,realname,realjob);--必须按顺序
    DBMS_OUTPUT.PUT_LINE(REALNAME||'  '||REALJOB);
END;  //过程调用结束
```

第四节　数据备份与恢复

使用数据库进行数据管理的过程中,对数据进行备份和恢复是必须掌握的技能,这也是确保数据安全的一个关键技术。备份是保存数据库的复本,恢复就是把以前从数据库中备份的文件还原到数据库中。在Oracle11g数据库中,可以通过图形化工具OEM实现数据的导入与导出,也可以使用常规的EXP/IMP工具实现数据的导入与导出,还可以使用功能强大的数据泵技术,即EXPDP/IMPDP工具实现数据的导入与导出。

一、使用OEM导出与导入数据

1. OEM导出数据

使用OEM实现数据导出的步骤如下:

(1) 以SYSTEM用户的普通用户身份登录OEM后,单击“数据移动”页中“移动行数据”区域的“导出到导出文件”链接,打开“导出:导出类型”页,可以选择的导出类型为

“数据库”“方案”“表”或“表空间”。选择导出类型为“表”,输入主机身份证明的用户名和口令(拥有登录 Windows 操作系统权限的 Windows 用户名和口令)。

(2) 单击“继续”按钮,打开“导出:表”页,在初始状态下,没有默认的表被选择。

(3) 单击“添加”按钮,打开“导出:添加表”页。在“添加表”页中输入方案和表的名称,单击“开始”按钮,在搜索结果栏中显示相应的表名,选择需要导出的表 SCOTT. ADMINISTRATOR。

(4) 单击“选择”按钮,回到“导出:表”页,在刷新后的“导出:表”页中显示了需要导出数据的表。

(5) 单击“下一步”按钮,打开“导出:选项”页,单击“显示高级选项”链接,将显示导出的内容、闪回和查询语句。

(6) 继续单击“下一步”按钮,打开“导出:文件”页,从“目录对象”下拉列表框中选择“DATA_FILE_DIR”,并选择默认的文件名。

(7) 单击“下一步”按钮,打开“导出:调度”页,即将执行的导出操作将作为一个作业被 OEM 调度,输入作业名称“BACKUP_ADMINISTRATOR”,选择“立即”方式启动作业,并且作业的重复级别为“仅一次”。

(8) 单击“下一步”按钮,打开“导出:复查”页。在“复查”页显示了作业调度的信息,如导出类型、并行度、日志文件名等。

(9) 单击“提交作业”按钮,向 OEM 提交导出数据的作业请求,等待一段时间后,显示成功创建作业的信息。

用户可以打开 Oracle11g 安装目录下的 demo\schema\sales_history 文件夹中的 EXPDAT. LOG 日志文件查看作业执行情况。

2. OEM 导入数据

使用 OEM 实现数据导入的步骤如下:

(1) 以 SYSTEM 用户的普通用户身份登录 OEM 后,单击“数据移动”页中“移动行数据”区域的“从导出文件导入”链接,打开“导入:文件”页。选择目录对象为“DATA_FILE_DIR”,选择导入类型(整个文件、方案、表、表空间),输入主机身份证明的用户名和口令(拥有登录 Windows 操作系统权限的 Windows 用户名和口令)。

(2) 单击“继续”按钮,显示“已成功读取导入文件”的信息。在初始状态下,没有默认的导入表被选中。

(3) 单击“添加”按钮,在“导入:添加表”页中输入方案名称“SCOTT”、表“ADMINISTRATOR”,单击“开始”按钮,在搜索结果栏将显示想要的表的信息,选择其中的 ADMINISTRATOR 表。

(4) 单击“选择”按钮,回到“导入:表”页,将显示已被添加的导入表。

(5) 选择导入表 ADMINISTRATOR,单击“下一步”按钮,进入“导入:重新映射”页。用户可以重新映射方案,也可以重新映射表空间。

(6) 继续单击“下一步”按钮,进入“导入:选项”页。从可选文件中选择目录对象为“DATA_FILE_DIR”。单击“显示高级选项”链接,可以查看导入内容和对象操作等高级导入选项。

(7) 单击“下一步”按钮,进入“导入:调度”页,在“作业参数”栏指定作业名称,如输入“IMPORT_ADMINISTRATOR”作为导入作业的名称。

(8) 单击“下一步”按钮,进入“导入:复查”页,显示调度信息。

(9) 单击“提交作业”按钮,完成导入作业的调度,显示“已成功创建作业”的信息。

用户可以打开 Oracle11g 安装目录下的 demo\schema\sales_history 文件夹中的 IMPORT. LOG 日志文件查看作业执行情况。

二、使用 EXP/IMP 导出与导入数据

1. EXP/IMP 概述

1) EXP/IMP 简介

Export 和 Import 是 Oracle 在早期版本中提供的数据导出与导入工具,用于进行数据库的逻辑备份与恢复,以及在不同版本、不同平台的 Oracle 数据库之间进行数据迁移。由于 EXP/IMP 是客户端工具,只能单线程地执行数据的导出与导入,应用于大型数据库系统容易导致性能上的瓶颈。因此,从 Oracle10g 数据库开始引入了数据泵技术。在 Oracle11g 数据库中,仍然安装了 EXP/IMP 工具,并且完全支持该工具的使用。

2) EXP/IMP 调用方式与工作模式

EXP/IMP 工具有以下 3 种执行方式:交互式方式、命令行方式、参数文件方式。

EXP/IMP 工具的导出、导入模式分为 4 种:全库模式、表空间模式、用户模式、表模式。

2. EXP 导出数据

1) EXP 语法格式

EXP 命令在操作系统的控制台窗口执行,其语法格式如下:

```
EXP [HELP=Y |<用户名>/<口令>@ <实例名>表达式 1 |表达式 2]
```

其中,表达式 1 的语法格式为:

```
[FULL=Y [INCTYPE={INCREMENTAL |CUMULATIVE |COMPLETE}
[RECORD={Y |N}]]
|OWNER=(<用户名>[,...n])
|TABLES=([用户方案 .]<表>[:<分区>][,...n])
|TRANSPORT_TABLESPACE=Y TABLESPACES=(<表空间>[,...n])]
```

表达式 2 的语法格式为:

```
[ PARFILE=<文件名>
|FILE=<文件名>[,...n]
|FILESIZE=n
|DIRECT={Y |N}
|ROWS={Y |N}
|FEEDBACK=n
|INDEXS={Y |N}
|CONSRAINTS={Y |N}
|GIANTS={Y |N}
|TRIGGERS={Y |N}
...
]...
```

2）EXP 导出实例

（1）全库导出模式。

采用命令行的方式导出整个数据库。例如：

```
C:\>EXP system/Oracle11g FULL=Y FILE='d:backup\orclfull.dmp'
```

（2）用户导出模式。

指定用户，将用户对应模式中的所有对象元数据及行数据导出。例如：

```
C:\>EXP system/Oracle11g FILE='d:backup\scott_hr.dmp'
OWNER=scott,hr GRANTS=Y ROWS=Y COMPRESS=Y
```

（3）表导出模式。

将指定的一个或多个表导出，可以只导出表中数据，或只导出表的元数据，或全部导出。例如：

```
C:\>EXP system/Oracle11g FILE='d:backup\emp_emps.dmp'
TABLES=(scott.emp,hr.employees) GRANTS=Y INDEXES=Y
```

在表导出模式下，在指定表的同时，还可以添加过滤条件，导出符合条件的行数据。例如：

```
C:\>EXP hr/hr TABLES=employees FILE='d:backup\emp_query.dmp'
QUERY=\"WHERE department_id=90 AND salary<16000\"
```

（4）表空间导出模式。

将指定表空间中的所有数据库对象的元数据与行数据导出。例如：

```
C:\>EXP system/Oracle11g FILE='d:backup\users.dmp'
TABLESPACE=(users) GRANTS=Y INDEXES=Y
```

3. IMP 命令导入数据

1）IMP 命令语法格式

IMP 命令只可以读取 EXP 命令导出的文件，而不可以读取其他格式的文件。Imp 命令在操作系统的控制台窗口执行，其语法格式如下：

```
IMP [HELP=Y |<用户名>/<口令>@ <实例名>表达式1 |表达式2]
```

其中，表达式 1 的语法格式为：

```
[FULL=Y [ INCTYPE={SYSTEM|RESTORE}]
|FROMUSER=(<用户名>[,...n])[TOUSER=(<用户名>)[,...n]]
|TABLES=([用户方案.]<表>[:<分区>][,...n])
|TRANSPORT_TABLESPACE=Y TABLESPACES=(<表空间>[,...n])
…]
```

表达式 2 的语法格式为：

```
[ PARFILE=<文件名>
| FILE=<文件名>[,...n]
| FILESIZE=n
```

```
|DIRECT={Y|N}
|ROWS={Y|N}
|FEEDBACK=n
|INDEXS={Y|N}
|CONSRAINTS={Y|N}
|GIANTS={Y|N}
|TRIGGERS={Y|N}
…
]…
```

2）IMP 导入实例

（1）全库导入模式。

采用命令行将转储文件完全导入数据库。例如：

```
C:\>IMP system/Oracle11g FULL=Y FILE='d:backup\orclfull.dmp'
```

（2）用户导入模式。

将转储文件中指定用户模式的所有对象及行数据导入目标数据库的指定模式中。例如：

```
C:\>IMP system/Oracle11g FILE='d:backup\scott_hr.dmp'
FROM USER=scott,hr
```

（3）表导入模式。

将转储文件中指定的表导入目标数据库的指定模式中。

例如：

```
C:\>IMP hr/hr FILE='d:backup\emp_dept.dmp' FROM USER=hr
TABLES=(departments,employees) IGNORE=Y
```

也可以将转储文件中指定的表导入其他用户模式中。

例如：

```
C:\>IMP hr/hr FILE='d:backup\emp_dept.dmp' FROMUSER=hr
TOUSER=ehr TABLES=(employees,departments)
```

三、使用 EXPDP/IMPDP 导出与导入数据

1. 数据泵技术概述

数据泵技术是一种在数据库之间或在数据库与操作系统文件之间传输元数据或行数据的高速机制。与传统的 EXP/IMP 客户端实用程序不同，EXPDP/IMPDP 是服务器端实用程序，即 EXP/IMP 可以在服务器端运行，也可以在客户端运行，而 EXPDP/IMPDP 只能在数据库服务器端运行。因此，数据泵技术具有以下几个显著特点：

（1）采用路径上载和直接路径装入枝术，提高了执行效率。

（2）可以在数据库服务器端多线程并行执行大量数据的导出与导入。

（3）可以使用 DBMS_DATAPUM PL/SQL API 建立、检测和调整数据库导出、导入任务。

数据泵技术具有重新启动作业的能力，当发生数据泵作业故障时，DBA 或用户进行干预修正后，可以发出数据泵重新启动命令，使作业从发生故障的位置继续进行。

需要注意的是,EXPDP/IMPDP 实用程序与 EXP/IMP 实用程序虽然在使用上非常相似,但相互间并不兼容。使用 EXP 导出的转储文件,不能使用 IMPDP 导入数据库;同样,使用 EXPDP 导出的转储文件也不能使用 IMP 导入数据库。

1) EXPDP/IMPDP 调用接口

EXPDP/IMPDP 实用程序提供了以下 3 种调用接口:

命令行接口(Command-Line Interface):在命令行中直接指定参数设置。

参数文件接口(Parameter File Interface):将参数的设置信息存放到一个参数文件中,在命令行中用 PARPILE 参数指定参数文件。

交互式命令接口(Interactive-Command lnterface):通过交互式命令进行导出作业管理。

2) EXPDP/IMPDP 导出\导入模式

EXPDP/IMPDP 导出\导入模式决定了所要导出\导入的内容范围。EXPDP/IMPDP 提供了以下 5 种模式,通过参数设置来指定。

(1) 全库导出\导入模式(Full Export\Import Mode)。

(2) 模式导出\导入模式(Schema Mode)。

(3) 表导出\导入模式(Table Mode)。

(4) 表空间导出\导入模式(Tablespace Mode)。

(5) 传输表空间导出\导入模式(Transportable Tablespace Mode)。

2. 使用 EXPDP 导出数据

由于 EXPDP 是服务器端的实用程序,因此其转储文件只能存放在由 DIRECTORY 对象指定的数据库服务器操作系统目录中,而不能使用直接指定的操作系统目录。所以,在使用 EXIPDP 和 IMPDP 工具之前需要创建 DIRECTORY 对象,并将该对象的 READ、WRITE 权限授予执行数据导出与导入操作的用户。

(1) 使用 CREATE DIRECTORY 语句创建目录对象。例如:

```
CREATE OR REPLAE DIRECTORY dumpdir AS ‘D:\BACKUP\DUMP’;
```

(2) 使用 GRANT 语句为用户授予目录对象的读、写权限。例如:

```
GRANT READ, WRITE ON DIRECTORY dumpdir TO hr;
```

(3) 通过查询数据字典视图 DBA_DIRECTORIES 可以查看数据库所有的目录对象。例如:

```
SELECT * FROM DBA_DIRECTORIES;
```

Data Pump Export (EXPDP)是个数据导出工具,可以将数据库中的元数据与行数据导出到操作系统的转储文件中。转储文件由一个或多个操作系统磁盘文件组成,存储从数据库中导出的表、数据库对象元数据以及控制信息等。转储文件采用数据泵专用的二进制格式存储,只能被 Data Pump Import (IMPDP)工具使用,可以导入到与源数据库运行在相同操作系统平台的 Oracle 数据库系统中,也可以导入到运行在其他操作系统平台的 Oracle 数据库中。

在操作系统的命令提示符窗口中输入 EXPDP HELP=Y 命令,可以查看 EXPDP 命令行参数、交互式命令等的介绍。

1）表导出模式

表导出模式将一个或多个表的元数据及其行数据导出到转储文件中。如果要导出非当前用户模式中的表，用户需要具有 DATAPUMP_EXP_FULL_DATABASE 角色。导出表时，每次只能导出一个模式中的一个或多个表。

例 1：导出 hr 模式下的 employees 表和 departments 表，转储文件名称为 emp_dept.dmp，日志文件名称为 emp_dept.log，作业命名为 emp_dept_job，导出操作启动 3 个进程。

```
EXPDP hr/hr DIRECTORY=dumpdir DUMPFILE=emp_dept.dmp
LOGFILE=emp_dept.log TABLES=employees, departments
JOB_NAME=emp_dept_job PARALLEL=3
```

在表导出模式中，可以使用 QUERY 参数设置导出条件，只导出符合条件的行与列数据。

例 2：导出 hr.employees 表中部门号大于 50 且工资大于 7000 元的员工信息。

```
EXPDP hr/hr DIRECTORY=dumpdir DUMPFILE=exp2.dmp
TABLES=employees NOLOGFILE=Y
QUERY='employees:"WHERE department>50 AND salary>7000"'
```

2）模式导出模式

模式导出模式是将一个或多个模式中的对象元数据及行数据导出到转储文件中，是默认的导出模式。默认导出当前用户对应的模式中所有对象的元数据及行数据。如果要导出其他模式，用户需要具有 DATAPUMP_EXP_FULL_DATABASE 角色。

例 3：导出 hr 模式下的所有对象的元数据及行数据。

```
EXPDP hr/hr DIRECTORY=dumpdir DUMPFILE=hr.dmp LOGFILE=hr.log SCHEMAS=
hr JOB_NAME=exp_hr_schema
```

3）表空间导出模式

表空间导出模式是将一个或多个表空间中的所有表及其依赖对象的元数据及行数据导出到转储文件中。

例 4：导出 EXAMPLE，USERS 表空间中的所有表及其依赖对象的元数据和行数据。

```
EXPDP hr/hr DIRECTORY=dumpdir DUMPFILE=tsp.dmp
TABLESPACES=example,users
```

4）数据库导出模式

数据库导出模式将数据库中所有对象的元数据及行数据导出到转储文件中。

例 5：将当前数据全部导出，不写日志文件。

```
EXPDP hr/hr DIRECTORY=dumpdir DUMPFILE=expfull.dmp FULL=YES NOLOGFILE
=YES
```

3. 使用 IMPDP 导入数据

Data Pump Import(IMPDP)是一个用于将转储文件导入目标数据库的工具。IMPDP 工具可以将转储文件导入到源数据库中,也可以导入到其他平台上运行的不同版本的 Oracle 数据库中。

1) 表导入模式

表导入模式是指利用转储文件向目标数据库中导入指定的一个或多个表,存在下列几种情况:

(1) 表不存在,需要根据转储文件中表的元数据重新创建表。

(2) 表已经存在,但数据丢失,只需要导入符合条件的数据。

(3) 表已经存在,且有部分数据,需要以追加方式导入数据。

例 6:由于 hr 模式下的 employees 表和 departments 表中数据丢失,利用转储文件 emp_dept. dmp 进行恢复。

```
IMPDP hr/hr DIRECTORY=dumpdir DUMPFILE=emp_dept.dmp
TABLES=employees,departments NOLOGFILE=Y
CONTENT=DATA_ONLY
```

如果表结构也丢失了,则应该导入表的定义(元数据)以及行数据。

```
IMPDP hr/hr DIRECTORY=dumpdir DUMPFILE=emp_dept.dmp
TABLES=employees,departments NOLOGFILE=Y
```

向表中导入数据时,可以使用 QUERY 参数设置导入条件,对导入的数据进行选择过滤。

例 7:向 hr 模式下的 employees 表和 departments 表中导入数据,其中向 employees 表中只导入部门号大于 50 且工资高于 5000 的员工信息。

```
IMPDP hr/hr DIRECTORY=dumpdir DUMPFILE=emp_dept.dmp
TABLES=employees,departments NOLOGFILE=Y
QUERY=‘employees:“WHERE department>50 AND salary>5000”’
```

如果表中已经存在数据,可以利用备份向表中追加数据。

例 8:利用转储文件 emp_dept. dmp,向 hr 模式下的 employees 表追加数据。

```
IMPDP hr/hr DIRECTORY=dumpdir DUMPFILE=emp_dept.dmp
TABLES=employees TABLES_EXISTS_ACTION=APPEND
```

2) 模式导入模式

如果某个模式中的所有数据丢失,可以使用该模式的逻辑备份进行恢复。可以进行同名模式的数据导入,也可以将备份的模式对象导入其他模式中。

例 9:hr 摸式中所有数据都丢失了,使用转储文件 hr. dmp 进行恢复。

```
IMPDP hr/hr DIRECTORY=dumpdir DUMPFILE=hr.dmp
SCHEMAS=hr JOB_NAME=imp_hr_schema
```

将一个备份模式的所有对象导入另一个模式中,可以使用 REMAP_SCHEMA 参数。

例 10:将备份的 hr 模式对象导入 ehr 模式中。

```
IMPDP hr/hr DIRECTORY=dumpdir DUMPFILE=hr.dmp
LOGFILE=hr.log REMAP_SCHEMA=hr:her
JOB_NAME=imp_ehr_schema
```

3) 表空间导入模式

如果一个表空间的所有对象及行数据都丢失了,可以使用该表空间的逻辑备份进行恢复。可以进行同名表空间的导入,也可以将备份表空间的内容导入其他表空间中。

例 11:利用 EXAMPLE、USERS 表空间的逻辑备份 tsp.dmp 恢复 EXAMPLE、USERS 表空间。

```
IMPDP hr/hr DIRECTORY=dumpdir DUMPFILE=tsp.dmp
TABLESPACES=example,users
```

如果要将备份的表空间导入另一个表空间中,可以使用 REMAP_TABLESPACE 参数设置。

例 12:将 USERS 表空间的逻辑备份导入 IMP_TBS 表空间。

```
IMPDP hr/hr DIRECTORY=dumpdir DUMPFILE=tsp.dmp
REMAP_TABLESPACE=users:imp_tbs
```

4) 数据库导入模式

例 13:利用完整数据库的逻辑备份恢复数据库。

```
IMPDP hr/hr DIRECTORY=dumpdir DUMPFILE=expfull.dmp FULL=YES NOLOGFILE
=YES
```

第五节　Oracle 数据库的管理与维护

一、用户管理

Oracle 数据库的安全包括在对象级控制数据库访问和使用的机制,这是通过数据库用户实现的。数据库用户是定义在数据库中的一个名称,它是存取数据库中信息的通道,是 Oracle 数据库的基本访问机制。

要访问数据库,用户必须制定有效的数据库用户账号,而且还要根据账户的要求通过验证。每个数据库用户都有自己的数据库账户,每个数据库用户有一系列安全属性。

1. 权限

在数据库中权限可分为两类:系统权限和对象权限。系统权限是指系统规定用户使用数据库的权限(系统权限是对用户而言);对象权限是指某种权限用户对其他用户的表或视图的存取权限(是针对表或视图而言的)。

1) 系统权限

(1) 系统权限分类。

DBA:拥有全部特权,是系统最高权限,只有 DBA 才可以创建数据库结构。

RESOURCE:拥有 resource 权限的用户只可以创建实体,不可以创建数据库结构。

CONNECT:拥有 connect 权限的用户只可以登录 Oracle,不可以创建实体,不可以创建数据库结构。

对于普通用户:授予 connect,resource 权限。

对于 DBA 管理用户:授予 connect,resource,dba 权限。

(2) 系统权限授权命令。

系统权限只能由 DBA 用户授出:sys,system(最开始只能是这两个用户)。

授权命令:SQL>grant connect,resource,dba to 用户名 1[,用户名 2]...;

普通用户通过授权可以具有与 system 相同的用户权限,但永远不能达到与 sys 用户相同的权限,system 用户的权限也可以被回收。

例:

```
SQL> connect system/manager;
SQL> Create user user50 identified by user50;
SQL> grant connect, resource to user50;
```

(3) 系统权限传递。

增加 WITH ADMIN OPTION 选项,则得到的权限可以传递。

```
SQL> grant connect, resorce to user50 with admin option;   //可以传递所获权限。
```

(4) 系统权限回收。

系统权限只能由 DBA 用户回收。

命令:

```
SQL> Revoke connect, resource from user50;
```

说明:

(1) 如果使用 WITH ADMIN OPTION 为某个用户授予系统权限,那么对于被这个用户授予相同权限的所有用户来说,取消该用户的系统权限并不会级联取消这些用户的相同权限。

(2) 系统权限无级联,即 A 授予 B 权限,B 授予 C 权限,如果 A 收回 B 的权限,C 的权限不受影响;系统权限可以跨用户回收,即 A 可以直接收回 C 用户的权限。

2) 对象权限

(1) 实体权限分类:

```
select, update, insert, alter, index, delete, all   //all 包括所有权限。
SQL> grant select, update, insert on product to user02;
SQL> grant all on product to user02;
//此时 user02 查 user_tables,不包括 user01.product 这个表,但如果查 all_tables
则可以查到,因为其可以访问。
```

(2) 将表的操作权限授予全体用户。

```
SQL> grant all on product to public;   //public 表示是所有的用户,这里的 all 权限
不包括 drop。
```

(3) DBA 用户可以操作全体用户的任意基表(无需授权,包括删除)。

DBA 用户：

```
SQL> Create table stud02.product(
id number(10),
name varchar2(20));
SQL> drop table stud02.emp;
SQL> create table stud02.employee
as
select * from scott.emp;
```

（4）实体权限传递(with grant option)。

```
user01:
SQL> grant select, update on product to user02 with grant option; //user02
得到权限,并可以传递。
```

（5）实体权限回收。

```
user01:
SQL>Revoke select, update on product from user02;   //传递的权限将全部丢失。
```

说明：

如果取消某个用户的对象权限,那么对于这个用户使用 WITH GRANT OPTION 授予权限的用户来说,同样还会取消这些用户的相同权限,也就是说取消授权时级联的。

2. 用户

1）创建用户

```
SQL> Create User username
Identified by password
Default Tablespace tablespace
Temporary Tablespace tablespace
Profile profile
Quota integer/unlimited on tablespace;
```

例：

```
SQL> Create user acc01
identified by acc01    //如果密码是数字,请用双引号括起来
default tablespace account
temporary tablespace temp
profile default
quota 50m on account;
SQL> grant connect, resource to acc01;
查询用户缺省表空间、临时表空间 SQL>select username, default_tablespace, tempo-
rary_tablespace from dba_users;
查询系统资源文件名:SQL> select * from dba_profiles;
资源文件类似表,一旦创建就会保存在数据库中。
```

```
SQL> select username, profile, default_tablespace, temporary_tablespace
from dba_users;
SQL> create profile common limit
failed_login_attempts 5
idle_time 5;
SQL> Alter user acc01 profile common;
```

2）修改用户

```
SQL> Alter User 用户名
Identified 口令
Default Tablespace tablespace
Temporary Tablespace tablespace
Profile profile
Quota integer/unlimited on tablespace;
```

（1）修改口令字。

```
SQL>Alter user acc01 identified by "12345";
```

（2）修改用户缺省表空间。

```
SQL> Alter user acc01 default tablespace users;
```

（3）修改用户临时表空间。

```
SQL> Alter user acc01 temporary tablespace temp_data;
```

（4）强制用户修改口令字。

```
SQL> Alter user acc01 password expire;
```

（5）将用户加锁。

```
SQL> Alter user acc01 account lock;   //加锁
SQL> Alter user acc01 account unlock;   //解锁
```

3）删除用户

```
SQL>drop user 用户名;  //用户没有建任何实体
SQL> drop user 用户名 CASCADE;  //将用户及其所建实体全部删除
```

3. 角色

角色是一组权限的集合,将角色赋给一个用户,这个用户就拥有了这个角色中的所有权限。

1）系统预定义角色

预定义角色是在数据库安装后,系统自动创建的一些常用的角色。下面简单介绍一下这些预定角色。角色所包含的权限可以用以下语句查询:

```
SQL>select * from role_sys_privs where role='角色名';
```

（1）CONNECT, RESOURCE, DBA。

这些预定义角色主要是为了向后兼容。其主要是用于数据库管理。oracle 建议用户自己设计数据库管理和安全的权限规划,而不要简单地使用这些预定角色。将来的版本中这些角色可能不会作为预定义角色。

(2) DELETE_CATALOG_ROLE, EXECUTE_CATALOG_ROLE,SELECT_CATALOG_ROLE。

这些角色主要用于访问数据字典视图和包。

(3) EXP_FULL_DATABASE, IMP_FULL_DATABASE。

这两个角色用于数据导入导出工具的使用。

(4) AQ_USER_ROLE, AQ_ADMINISTRATOR_ROLE。

AQ:Advanced Query。这两个角色用于 oracle 高级查询功能。

(5) SNMPAGENT。

用于 Oracle Enterprise Manager 和 Intelligent Agent 。

(6) RECOVERY_CATALOG_OWNER。

用于创建拥有恢复库的用户。关于恢复库的信息,参考 Oracle 文档"*Oracle9i User-Managed Backup and Recovery Guide*"。

(7) HS_ADMIN_ROLE。

```
 A DBA using Oracle's heterogeneous services feature needs this role to
access appropriate tables in the data dictionary.
```

2) 管理角色

(1) 建一个角色。

```
SQL>create role role1;
```

(2) 授权给角色。

```
SQL>grant create any table,create procedure to role1;
```

(3) 授予角色给用户。

```
SQL>grant role1 to user1;
```

(4) 查看角色所包含的权限。

```
SQL>select * from role_sys_privs;
```

(5) 创建带有口令以角色(在生效带有口令的角色时必须提供口令)。

```
SQL>create role role1 identified by password1;
```

(6) 修改角色:是否需要口令。

```
SQL>alter role role1 not identified;
SQL>alter role role1 identified by password1;
```

(7) 设置当前用户要生效的角色。

角色的生效是一个什么概念呢?假设用户 a 有 b1,b2,b3 三个角色,那么如果 b1 未生效,则 b1 所包含的权限对于 a 来讲是不拥有的,只有角色生效了,角色内的权限才作用于用户,最大可生效角色数由参数 MAX_ENABLED_ROLES 设定;在用户登录后,Oracle 将所有直接赋给用户的权限和用户默认角色中的权限赋给用户。

```
SQL>set role role1;//使 role1 生效
SQL>set role role,role2;//使 role1,role2 生效
SQL>set role role1 identified by password1;//使用带有口令的 role1 生效
SQL>set role all;//使用该用户的所有角色生效
SQL>set role none;//设置所有角色失效
SQL>set role all except role1;//除 role1 外的该用户的所有其他角色生效。
SQL>select * from SESSION_ROLES;//查看当前用户的生效的角色。
```

(8) 修改指定用户,设置其默认角色。

```
SQL>alter user user1 default role role1;
SQL>alter user user1 default role all except role1;
详见 Oracle 参考文档。
```

(9) 删除角色。

```
SQL>drop role role1;
```

角色删除后,原来拥有该角色的用户就不再拥有该角色了,相应的权限也就没有了。

说明:

(1) 无法使用 WITH GRANT OPTION 为角色授予对象权限。

(2) 可以使用 WITH ADMIN OPTION 为角色授予系统权限,取消时不是级联。

二、数据库的运行监控

在军事信息系统的运行过程中,需要定期对数据库系统进行监控,了解系统的运行状态。以下列举多个常用的监控命令。

(1) 查看控制文件。

```
SELECT NAME FROM v $ controlfile;
```

(2) 查看日志文件。

```
SELECT MEMBER FROM v $logfile;
```

(3) 查看前台正在发出的 SQL 语句。

```
SELECT user_name,sql_text
        FROM v $ open_cursor
        WHERE sid in (select sid from (select sid,serial#,username,program
        FROM v $ session
        WHERE status ='ACTIVE'));
```

(4) 查看数据表占用空间大小情况。

```
SELECT segment_name, tablespace_name, bytes, blocks
        FROM user_segments
        WHERE segment_type = 'TABLE'
        ORDER BY bytes DESC, blocks DESC;
```

(5) 查看表空间占用磁盘情况。

```
SELECT
        b.file_id                                //文件 ID 号
        b.tablespace_name                        //表空间名
        b.bytes                                  //字节数
        (b.bytes-SUM(nvl(a.bytes,0)))            //已使用
        SUM (nvl(a.bytes,0))                     //剩余空间
        SUM (nvl(a.bytes,0))/(b.bytes)*100      //剩余百分比
        FROM dba_free_space a,dba_data_files b
        WHERE a.file_id=b.file_id
        GROUP BY b.tablespace_name,b.file_id,b.bytes
        ORDER BY b.file_id;
```

(6) 查看表的大小。

每张表都是作为“段”来存储的,可以通过 user_segments 视图查看其相应信息。

```
SELECT SEGMENT_NAME, SUM(BYTES) /1024 /1024 MBYTESE
       FROM USER_SEGMENTS
       WHERE SEGMENT_TYPE = 'TABLE'
       GROUP BY SEGMENT_NAME
       ORDER BY MBYTESE desc;
```

(7) 查看 Oracle 表空间使用率。

```
SELECT a.tablespace_name "表空间名",
       total "表空间大小",
       free "表空间剩余大小",
       (total - free) "表空间使用大小",
       total /(1024 * 1024 * 1024) "表空间大小(G)",
       free /(1024 * 1024 * 1024) "表空间剩余大小(G)",
       (total - free) /(1024 * 1024 * 1024) "表空间使用大小(G)",
       round((total - free) /total, 4) * 100 "使用率 % "
     FROM (SELECT tablespace_name, SUM(bytes) free
     FROM dba_free_space
     GROUP BY tablespace_name) a,
     (SELECT tablespace_name, SUM(bytes) total
     FROM dba_data_files
     GROUP BY tablespace_name) b
     WHERE a.tablespace_name = b.tablespace_name
```

除了使用 SQL 命令对系统进行监控,也可以采用第三方的可视化工具对数据库的运行状况进行直观检查。例如,可以采用 Manae Engine 的 Applications Manager 对 Oracle 数据可进行检查。Applications Manager 是一个无代理的 Oracle 数据库监控软件,可全面监控和分析 Oracle 数据库可用性和性能。如果要对 Oracle 数据文件进行监控,使用 Applications Manager 可以实时监控数据增长,当数据文件超过一定大小时,通过创建和关联脚本执行修复动作。如图 3-18 所示。

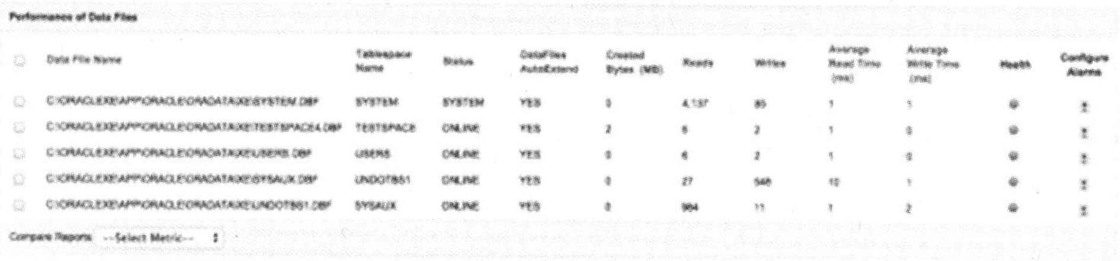

Performance of Data Files

Data File Name	Tablespace Name	Status	DataFiles AutoExtend	Created Bytes (MB)	Reads	Writes	Average Read Time (ms)	Average Write Time (ms)	Health	Configure Alarms
C:\ORACLEXE\APP\ORACLE\ORADATA\XE\SYSTEM.DBF	SYSTEM	SYSTEM	YES	0	4,137	85	1	1		
C:\ORACLEXE\APP\ORACLE\ORADATA\XE\TESTSPACE4.DBF	TESTSPACE	ONLINE	YES	2	6	2	1	0		
C:\ORACLEXE\APP\ORACLE\ORADATA\XE\USERS.DBF	USERS	ONLINE	YES	0	6	2	1	0		
C:\ORACLEXE\APP\ORACLE\ORADATA\XE\SYSAUX.DBF	UNDOTBS1	ONLINE	YES	0	27	548	10	1		
C:\ORACLEXE\APP\ORACLE\ORADATA\XE\UNDOTBS1.DBF	SYSAUX	ONLINE	YES	0	984	11	1	2		

Compare Reports --Select Metric--

图 3-18 数据库的运行状况检查

还可以监控表空间的使用,可配置阈值,当超过时生成告警通知,如图 3-19 所示。

Tablespace Details

Tablespace Name	Total allocated bytes	Total Allocated Bytes (MB)	Used Bytes (MB)	Free Bytes (MB)	Percentage of Used Bytes (%)	Percentage of Free Bytes (%)	Allocated Blocks	Free Blocks	Health	Configure Alarms
TEMP		235	0	235	0	100	30,080	0		
USERS		11,284	2.56	11,281.44	0.02	99.98	12,800	12,472		
UNDOTBS1		32,767.98	82	32,685.98	0.25	99.75	10,880	384		
SYSAUX		32,767.98	490.13	32,277.86	1.5	98.5	69,120	6,384		
TESTSPACE		10	1	9	10	90	256	128		
SYSTEM		2,000	1,789.25	210.75	89.46	10.54	256,000	26,976		

Action --Select Action-- Compare Reports --Select Metric--

Tablespace Status

Tablespace Name	Status	Data Files	Reads Min. (reads/min)	Writes Min. (writes/min)	Read Time	Write Time	Health	Configure Alarms
TEMP	ONLINE	1	0	0	-	-		
UNDOTBS1	ONLINE	1	0	0	66	1,772		
USERS	ONLINE	1	0	0	11	0		
SYSTEM	ONLINE	1	0	0	22,839	571		
SYSAUX	ONLINE	1	0	0	13,502	29		
TESTSPACE	ONLINE	1	0	0	0	0		

Action --Select Action-- Compare Reports --Select Metric--

图 3-19 数据库系统表空间的使用

三、计划任务的自动化

在日常的数据库管理工作中,往往有些事情是需要经常重复地做的。例如,每天更新业务报表、每天从数据库中提取符合条件的数据、每天将管理系统中的数据分配给相关的部门。下面介绍的是在 Oracle 数据库中如何实现定时执行计划任务。

Oracle 在 10g 版本以前,计划任务用的是 DBMS_JOB 包,10g 版本引入 DBMS_SCHEDULER 来替代先前的 DBMS_JOB,在功能方面,它比 DBMS_JOB 提供了更强大的功能和更灵活的机制。

DBMS_JOB 包的使用相对比较简单,基本能够满足定时执行计划任务的需求。我们可以在命令窗口输入 show parameter job_queue_processes 查看数据库中定时任务的最多并发数,一般设置为 10(设置方法:alter system set job_queue_processes = 10),如果设为 0,那么数据库定时作业是不会运行的。

例如,我们希望每隔一分钟自动向 job_test 表中插入当前的系统时间。首先创建测试表:

```
CREATETABLE job_test(updatetime date);
```

然后创建 JOB：

```
variable v_job_no number;
BEGIN
dbms_job.submit (: v _job _no, 'insert into job _test values ( sysdate);',
sysdate, 'sysdate+1/1440');
END;
```

其中，最后一个参数'sysdate+1/1440'表示时间间隔为每分钟。如果想每天凌晨 1 点执行，则此参数可设置为'trunc(sysdate)+25/24'；如果想每月 1 号凌晨 1 点执行，则此参数可设置为'trunc(last_day(sysdate))+25/24'，以此类推。

本 章 小 结

为了切实有效地管理和应用军事信息资源，本章学习全军军事信息系统通用 Oracle 数据库，首先了解数据库的概念和特点，数据库(DataBase)是结构化数据的集合。数据库的特点包括：数据结构化、数据独立性和可控冗余度。根据数据模式的不同，数据库系统可以分为非关系型数据库系统、关系型数据库系统、对象—关系模型数据系统和面向对象的数据库等类型，其中非结构化数据不方便用数据库二维逻辑表来表现，而关系数据库是建立在关系模型基础上的数据库，现实世界中的各种实体以及实体之间的各种联系均用关系模型来表示。

Oracle 数据库是目前世界上使用最为广泛的关系数据库管理系统，作为一个通用的数据库系统，它具有完整的数据管理功能；作为一个关系数据库，它是一个完备关系的产品；作为分布式数据库它实现了分布式处理功能。由于 Oracle 良好的跨平台性，只要在一种机型上学习了 Oracle 知识，便能在各种类型的机器上使用它。

结构化查询语言 SQL(Structured Query Language)是最重要的关系数据库操作语言，主要功能是同各种数据库建立联系，进行沟通。SQL 语句可用来执行各种各样的操作，如更新数据库中的数据，从数据库中提取数据等。绝大多数流行的关系型数据库管理系统都采用了 SQL 语言标准。

针对不同的应用，可以创建视图或者存储过程来提高执行效率。视图可以让用户只提取和他们有关的数据；而存储过程主要用来处理数据，可以接收参数，相当于一个函数。这二者其内部实现是基本一样的，运行之前都经过预编译。

第四节学习数据库数据备份和还原的方法，数据库备份就是将数据库的内容全部复制至另一安全设备上；而数据恢复就是把数据库中备份出来的数据重新还原至原来的数据库中。数据库数据备份和还原可以采用 OEM、EXP/IMP 和 EXPDP/IMPDP 这三种工具进行，其中 OEM 是实现数据导入与导出的图形化工具，EXP/IMP 工具是实现数据导入与导出方法中最为常见的方法，也可以使用功能强大的数据泵技术，即 EXPDP/IMPDP。

第五节主要介绍 Oracle 数据库的管理与维护，针对用户的权限管理是确保数据中数据安全的重要手段，如果能正确地对数据库中的用户赋予权限，那么就能在很大程度上提高数据库的安全性;对数据库的运行监控需要定期对数据库系统进行监控,了解系统的运行状态;还可以在 Oracle 数据库中设置定时执行计划任务,来完成日常的数据库管理工作中需要经常重复完成的工作。

作 业 题

一、填空题

1. 数据管理经历了________、________和________三个发展阶段。

2. ________是结构化数据的集合。

3. 两个实体型之间的联系可分为________、________和________。

4. 数据库的特点有________、________、________和________。

5. 关系模型由________、________和________三部分组成。

6. 我军目前较为通用的数据库为________。

7. 常用的安装 Oracle 的操作系统有________、________。

8. ________是最重要的关系数据库操作语言,并且它的影响已经超出数据库领域,得到其他领域的重视和采用。

9. 视图和存储过程都是以__________存储的,而且在运行之前都是经过编译的,不用每次都重新编译,可以大大提高执行效率。

二、单项选择题

1. Oracle 数据库是基于(　　)的数据库。

A. 关系型　　B. 层次型　　C. 文件系统　　D. 网络型

2. 关于关系范式的规范化,下列说法正确的是(　　)。

A. 数据库系统中的关系所属范式越高越好,因为所属范式越高,存储表所占内存开销越小。

B. 数据库系统中的关系所属范式越低越好。

C. 一般对表分解到 3NF 即可。

D. 不能对表只分解到 2NF。

3. 下列哪个 SQL 命令用来向表中移除列?(　　)

A. MODIFY TABLE TableName DROP COLUMN ColumnName

B. MODIFY TABLE TableName DROP ColumnName

C. ALTER TABLE TableName DROP COLUMN ColumnName

D. ALTER TABLE TableName DROP ColumnName

4. 以下(　　)不是 Oracle 数据库文件组成的类型。

A. 日志文件　　B. 控制文件　　C. 数据文件　　D. 配置文件

5. 下面有关视图的数据来源叙述不正确的是(　　)。

A. 视图数据是用户直接添加到视图中的

B. 视图数据来源于单表

C. 视图数据来源于多表

D. 视图数据来源于其他视图

三、简答题

1. 简述数据库的概念、含义和特点。

2. 根据数据模式的不同,简述数据库的类型。

3. 简述结构化数据的概念和特点。

4. 简述非结构化数据的概念和特点。

5. 简述关系型数据库的概念。

6. 简述关系型数据库管理系统的概念,并列出常用的关系数据库管理系统产品。

7. 简述 Oracle 数据库的特点。

8. 列举 Oracle 数据库的管理工具。

9. 列举数据库的主要设计范式。

10. 简述结构化查询语言 SQL 的特点。

11. 简述 DDL、DML 和 DCL 的功能。

12. 当对视图做删除数据操作时,如果视图里没有符合条件的数据,但基表存在符合条件的数据,实际出现什么问题?

13. 用户、权限以及角色之间的关系是什么?

14. 实践练习:

(1) 查看 SCOTT 方案下用户有哪些表。

(2) 查看 SCOTT 用户下 4 个练习表的结构。

(3) 查询'SMITH'的领导姓名。

(4) 查询部门名称是'ACCOUNTING'的员工姓名及薪水等级。

(5) 查询公司中薪水最高的员工信息。

15. 实践练习:在 scott 方案下创建表空间 test,并在 test 表空间中创建表 student,在 student 表中设置学生编号、学生姓名、学生年龄 3 个字段,并给表增加 5 条记录。分别使用 EXP 和 EXPDP 导出其中的数据,把数据放在 d:\中。

第四章　军事信息系统网络管理

军事信息系统虽然繁杂多样,但是归根到底大多数系统都要依托网络进行数据传输,常用军事信息系统使用什么样的网络协议,以及采用什么样的网络管理方法,明确了这些概念,对于常见军事信息系统的网络管理方法就会有事半功倍的效果。本章从最基本的网络出发,首先讲解网络基础知识,接下来讲解网络基础,并从概念出发引申出网络管理协议和常用的网络管理系统。

第一节　网络基础知识

随着科学技术的进步和发展,计算机网络技术也取得了快速发展。计算机网络技术的发展,对人类生活产生了深远影响。网络已经成为现代社会人们生产生活的工具,同时也提高了人们的生活水平。

一、网络基本概念、分类及组成

1. 计算机网络的概念

计算机网络是现代通信技术与计算机技术相结合的产物。所谓计算机网络,就是把分布在不同地理区域的计算机与专用外部设备用通信线路互联成一个规模大、功能强的计算机应用系统,从而使众多的计算机可以方便地互相传递信息,共享硬件、软件、数据信息等资源。人们组建计算机网络的目的是为了实现计算机之间的资源共享,因此,网络提供资源的多少决定了一个网络的存在价值。计算机网络的规模有大有小,大的可以覆盖全球,小的可以仅由一间办公室中的两台或几台计算机构成。通常,网络规模越大,包含计算机越多,它所提供的网络资源就越丰富,其价值也就越高。

从计算机网络的概念中可以看出计算机网络涉及三个方面的问题:

(1) 至少有两台计算机互联。

(2) 计算机网络的通信设备与通信线路传输介质。

(3) 网络软件是指网络通信协议和网络操作系统。

2. 计算机网络的分类

计算机网络根据不同的分类原则,可以得到不同的计算机网络类型。根据网络规模的大小和延伸范围,可以将计算机网络分为局域网(Local Area Network,LAN)、城域网(Metropolitan Area Network,MAN)、广域网(Wide Area Network,WAN)。

(1) 局域网:是指在较小的地理范围内(一般小于 10km)由计算机、通信线路(一般为双绞线)和网络连接设备(一般为集线器和交换机)组成的网络。

(2) 城域网:是指在一个城市范围内(一般小于 100km)由计算机、通信线路(包括有线介质和无线介质)和网络连接设备(一般为集线器、交换机和路由器等)组成的网络。

(3) 广域网:比城域网范围大,由多个局域网或城域网组成的网络。目前,已不能明确区分广域网和城域网,或者也可以说城域网的概念越来越模糊了,因为在实际应用中,已经很少有封闭在一个城市内的独立网络。互联网是世界上最大的广域网。

按照网络的拓扑结构划分,计算机网络可以分为环形网、星形网和总线型网等。

按照通信传输介质划分,可以分为双绞线网、同轴电缆网、光纤网、微波网、卫星网和红外线网等。

按照信号频带占用方式划分,又可以分为基带网和宽带网。

3. 计算机网络的构成

计算机网络系统是由硬件系统和软件系统两部分组成。硬件系统包括:计算机设备、传输介质及网络设备,软件系统包括:网络操作系统、网络通信协议和提供网络服务功能的应用级专用软件。

二、网络硬件知识

网络上数据的传输需要有"传输媒介",这好比是车辆必须在公路上行驶一样,道路质量的好坏会影响到行车的安全性和舒适性。同样,网络传输媒介的质量好坏也会影响数据传输的质量,包括速率、数据丢失等。

常用的网络传输媒介可分为两类:一类是有线的;一类是无线的。有线传输媒介主要有同轴电缆、双绞线及光缆;无线传输媒介主要有微波、无线电、激光和红外线等。

1. 同轴电缆(Coaxial Cable)

同轴电缆的特点是:绝缘效果佳、频带较宽、数据传输稳定、价格适中、性价比高。同轴电缆由绝缘层、外导体屏蔽层(网络编织)和保护外层(塑料)依次包裹着中央导体铜质芯线,如图 4-1 所示。同轴电缆主要应用于设备的支架连线,闭路电视(CATV),共用天线系统(MATV)以及彩色或单色射频监视器。

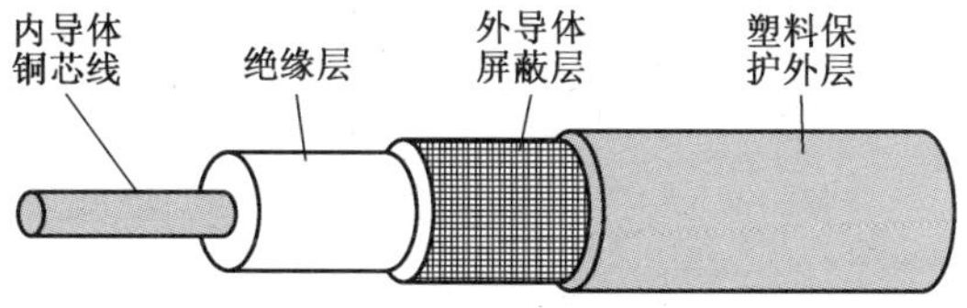

图 4-1 同轴电缆结构图

2. 双绞线(Twisted-pair)

双绞线是由两条导线按一定扭矩相互绞合在一起的类似于电话线的传输媒介,每根线加绝缘层并用颜色来标记。成对线的扭绞旨在使电磁辐射和外部电磁干扰减到最小。使用双绞线组网,双绞线与网卡、双绞线与集线器的接口称为 RJ45,俗称水晶头,如图 4-2 所示。

3. 光纤

光纤是新一代的传输介质,与铜质介质相比,光纤具有一些明显的优势。光纤因为不会向外界辐射电子信号,所以使用光纤介质的网络无论是在安全性、可靠性还是在传输速

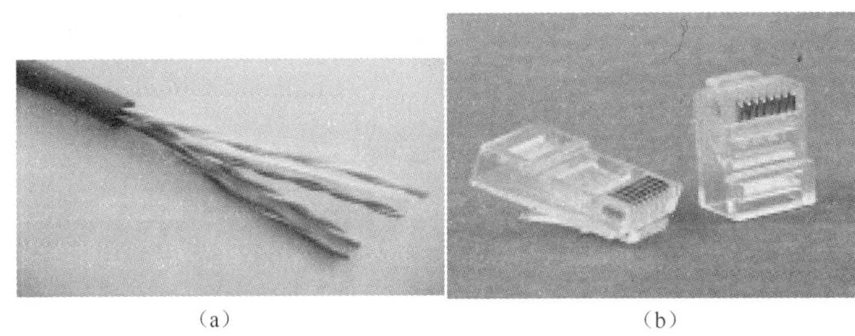
（a）（b）

图 4-2 双绞线及 RJ45 接口

率等网络性能方面都有了很大的提高。

光纤由单根玻璃光纤、紧靠纤芯的包层以及塑料保护涂层组成，如图 4-3 所示。为使用光纤传输信号，光纤两端必须配有光发射机和接收机，光发射机执行从光信号到电信号的转换。实现电光转换的通常是发光二极管（LED）或注入式激光二极管（ILD）；实现光电转换的是光电二极管或光电三极管。

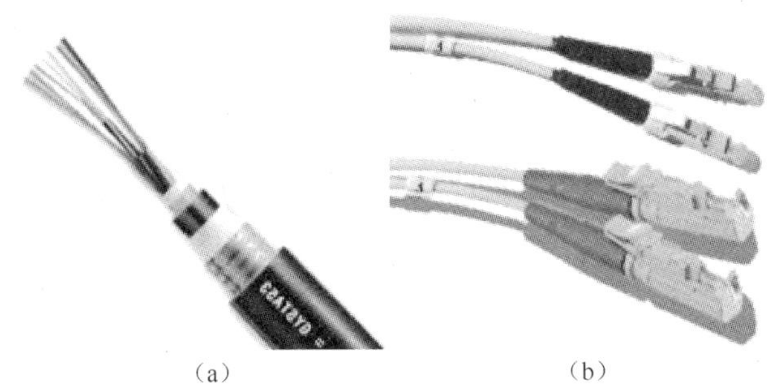
（a）（b）

图 4-3 光纤及其接头

4. 无线传输

上述三种传输媒体有一个共同的缺点，都需要一根缆线连接微机，这在很多场合都是不方便的。例如，若通信线路需要穿过高山或岛屿或在市区跨越主干道路时就很难敷设，这时利用无线电波在空间自由地传播，可以进行多种通信。尤其近几年，随着移动电话的飞速发展，移动计算机数据通信也变得越来越成熟。

三、计算机网络协议

1. OSI 体系结构

1）网络协议

计算机网络协议就是进行通信的计算机双方如何建立通信，如何互相识别等，双方必须共同遵循的一组约定。计算机之间能够相互通信、交流必须遵守这个约定。

2）开放系统互连参考模型

国际标准化组织 ISO 推出了开放系统互连参考模型，该模型定义了不同计算机互连的标准，是设计和描述计算机网络通信的基本框架。开放系统互连参考模型的系统结构就是层次式的，共分 7 层。在该模型中层与层之间进行对等通信，且这种通信只是逻辑上的，真正的通信都是在最底层——物理层实现的，每一层要完成相应的功能，下一层为上一层提供服务，从而把复杂的通信过程分成了多个独立的、比较容易解决的子问题，如图 4-4 所示。

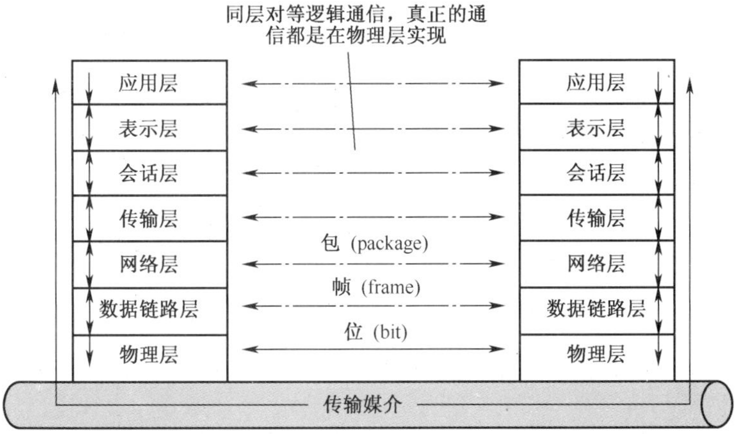

同层对等逻辑通信，真正的通信都是在物理层实现
应用层
表示层
会话层
传输层
网络层
数据链路层
物理层
包 (package)
帧 (frame)
位 (bit)
应用层
表示层
会话层
传输层
网络层
数据链路层
物理层
传输媒介

图 4-4　开放系统互连参考模型的系统结构

2. TCP/IP 协议

TCP/IP 协议（传输控制协议/网际协议）约定了计算机之间互相通信的方法。TCP/IP 是为了使接入互联网的异种网络、不同设备之间能够进行正常的数据通信，而预先制定的一簇大家共同遵守的格式和约定。该协议是美国国防部高级研究计划署为建立 ARPANET 开发的，在这个协议集中，两个最知名的协议就是传输控制协议（TCP）和网际协议（IP），故而整个协议集被称为 TCP/IP。

TCP/IP 协议和开放系统互联参考模型一样，是一个分层结构。协议的分层使得各层的任务和目的十分明确，这样有利于软件编写和通信控制。TCP/IP 协议分为 4 层，由下至上分别是网络接口层、网际层、传输层和应用层，如图 4-5 所示。

PCR
SNMP
TFTP
SMTP
FTP
TELENT
应用层
UDP
TCP
传输层
ICMP
IP
RARP
ARP
网际层
Ethernet
网络接口层

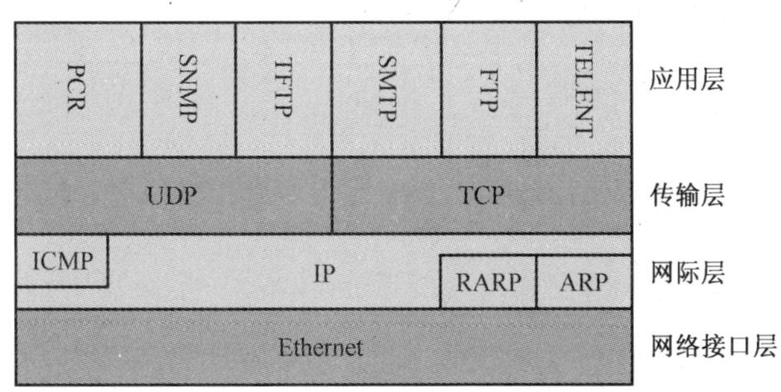

图 4-5　TCP/IP 协议分层结构

网络上所有的通信都是由 TCP/IP 进行规范的，特别是两个主机之间的数据往来格式和传送方式。数据传输的过程就像寄信的过程：TCP 和 IP 就像两个信封，把要传递的信息分成若干段，每一段都放入一个 TCP 信封，并在该信封上记录分段号信息，再将 TCP 信封塞入 IP 大信封，发送上网。接收时，每个 TCP 软件包收集信封，抽出数据，按发送前的顺序还原，并加以校验，若发现差错，TCP 将会要求重发。基于以上传输方式，TCP/IP 在互联网中几乎可以无差错地传送数据。

3. IP 地址

互联网采用了一种通用的地址格式，为互联网中的每一个网络和几乎每一台主机都

分配了一个地址,即 IP 地址。一台主机至少有一个 IP 地址,而且这个 IP 地址是全网唯一的,如果一台主机有两个或多个 IP 地址,则该主机属于两个或多个逻辑网络,一般用作路由器。

在表示 IP 地址时,将 32 位二进制码分为 4 个字节,每个字节转换成相应的十进制,字节之间用“.”分隔。IP 地址的这种表示法称为“点分十进制表示法”,显然这比全是 1 和 0 的二进制码容易记忆。例如,有下面的 IP 地址:

10001001 00001111 00000111 00011110

可以记为 137.15.7.30,显然这就方便得多了。

IP 地址同带区号的电话号码一样是采用分层结构,由网络号与主机号两部分组成。其中,网络号(net-id)用来标识一个逻辑网络,主机号(host-id)用来标识网络中的一台主机。网络号相同的主机可以直接互相访问,网络号不同的主机需通过路由器才可以互相访问。

TCP/IP 协议规定,根据网络规模的大小将 IP 地址分为 5 类(A、B、C、D、E),如图 4-6 所示。

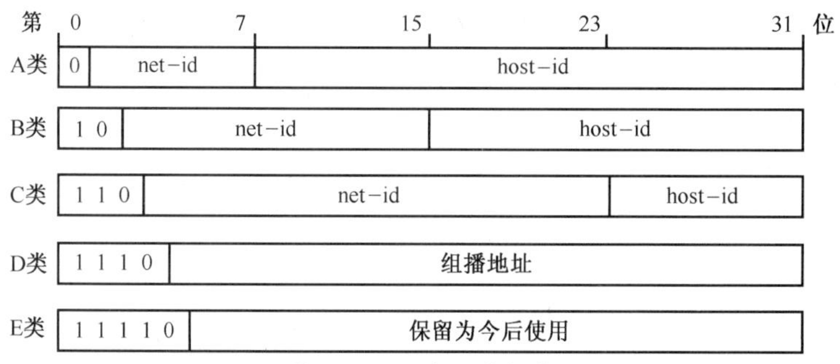

图 4-6　IP 地址的分类

A 类地址:第一个字节用作网络号,且最高位为 0,这样只有 7 位可以表示网络号,能够表示的网络号有 $2^7=128$ 个,因为全 0 和全 1 在地址中有特殊用途,所以去掉有特殊用途的全 0 和全 1 地址,这样,就只能表示 126 个网络号,范围是:1~126。后三个字节用做主机号,有 24 位可表示主机号,能够表示的主机号有 $2^{24}-2$,约为 1600 万台主机。A 类 IP 地址常用于大型的网络。

B 类地址:前两个字节用做网络号,后两个字节用作主机号,且最高位为 10,最大网络数为 $2^{14}-2=16382$,范围是:128.1~191.254。可以容纳的主机数为 $2^{16}-2$,约等于 6 万多台主机。B 类 IP 地址通常用于中等规模的网络。

C 类地址:前三个字节用做网络号,最后一个字节用做主机号,且最高位为 110,最大网络数为 $2^{21}-2$,约等于 200 多万,范围是:191.0.1.0~223.255.254,可以容纳的主机数为 2^8-2,等于 254 台主机。C 类 IP 地址通常用于小型的网络。

D 类地址:最高位为 1110,是多播地址,主要是留给 Internet 体系结构委员会(Internet Architecture Board,IAB)使用的。

E 类地址:最高位为 11110,保留在今后使用。

目前大量使用的 IP 地址仅是 A 至 C 类三种。不同类别的 IP 地址在使用上并没有等级之分,不能说 A 类 IP 地址比 B 类或 C 类高级,也不能说在访问 A 类 IP 地址时比 B 类或 C 类优先级高,只能说 A 类 IP 地址所在的网络是一个大型网络。

4. 域名地址

1）域名

识别一台计算机采用的方式是 IP 地址，由于一组 IP 地址数字难于记忆，所以域名（Domain Name）就是为服务器取一个有意义又好记忆的名字。例如，百度的门户网站“百度”就是域名，一般使用者在浏览这个网站时，都会输入 www.baidu.com，而很少有人会记住这台服务器的 IP 地址，www.baidu.com 就是“百度”的域名，而 119.75.217.109 则是它的 IP 地址，就像称呼朋友的时候，不会叫对方的身份证号码而只会称呼他们的名字。

我们用 IP 地址来区分机器，当输入域名后，浏览器必须先去一台有域名和 IP 地址相互对应的数据库的主机中去查询这台计算机的 IP 地址，而这台被查询的主机，就是域名服务器（Domain Name Server），简称 DNS。例如，当用户输入 www.baidu.com 时，浏览器会将 www.baidu.com 这个名字传送到离他最近的 DNS 服务器去做分析，如果找到，则会传回这台主机的 IP 地址，但如果没查到，系统就会提示“DNS NOT FOUND（没找到 DNS 服务器）”，所以一旦 DNS 服务器不工作了，就像路标完全被毁坏，没有人知道该把资料送到哪里。

2）域名的结构

一台主机的主机名由它所属各级域的域名和分配给该主机的名字共同构成。书写的时候，按照由小到大的顺序，顶级域名放在最右面，分配给主机的名字放在最左面，各级名字之间用“.”隔开。

在域名系统中，常见的顶级域名是以组织模式划分的。例如，www.baidu.com 这个域名，因为它的顶级域名为 com，我们可以推知它是一家公司的网站地址。除了组织模式顶级域名之外，其他的顶级域名对应于地理模式。例如，www.nwu.edu.cn 这个域名，因为它的顶级域名为 cn，我们可以推知它是中国的网站地址。表 4-1 列出了常见的顶级域名及其含义。

顶级域的管理权被分派给指定的管理机构，各管理机构对其管理的域继续进行划分，即划分成二级域并将二级域名的管理权授予其下属的管理机构，如此层层细分，就形成了层次状的域名结构，图 4-7 显示了互联网的域名结构。

表 4-1 常见的顶级域名

组织模式 顶级域名	含义	地理模式 顶级域名	含义
com	商业组织	cn	中国
edu	教育机构	hk	香港
gov	政府部门	mo	澳门
mil	军事部门	tw	中国台湾
net	主要网络支持中心	us	美国
org	上述以外的组织	uk	英国
int	国际组织	jp	日本

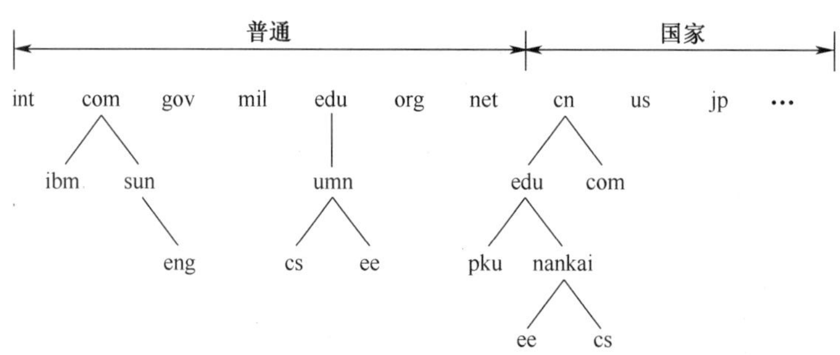

图 4-7　互联网的域名结构

第二节　军事信息系统网络管理基本概念

除了作为信息时代最重要的军事战略资源,军事信息系统网络还是军事信息化建设的核心资源。成为影响信息化战争和军队信息化建设进程的主导因素的军事信息系统网络,支撑着信息化技术系统功能的实现和作用的发挥。

一、军事信息系统网络管理的功能

军事信息系统网络管理的目标是最大限度地满足网络管理者和网络用户对计算机网络的有效性、可靠性、开放性、综合性、安全性和经济性的要求。

(1) 网络的有效性:网络要能准确而及时地传递信息。这里所说的网络有效性(availability)和常规通信的有效(efficiency)的意义不同,网络的有效性指网络服务要有质量保证,而通信的有效性指传递信息的效率。

(2) 网络的可靠性:网络必须要能够持续稳定地运行,要具有对各种故障以及自然灾害的抵御能力和一定的自愈能力。

(3) 网络的开放性:网络要能够兼容各个厂商不同类型的设备。

(4) 网络的综合性:网络不能是单一化的,要从电话网、电报网、数据网分立的状态向综合业务过渡,并且还要进一步加入图像、视频点播等宽带业务。

(5) 网络的安全性:网络必须对所传输的信息具有可靠的安全保障。

(6) 网络的经济性:网络的建设、运营和维护等费用要求尽可能少,要保证用最少的投入得到最大的收益。

国际化标准组织 ISO 定义的网络管理的关键功能有配置管理、故障管理、性能管理、安全管理和计费管理等五项。此外,还有网络资源管理、地址管理、软件管理、文档管理和容错管理等功能。

1. 配置管理

网络配置是指网络中各设备的功能、设备之间的连接关系和工作参数等。由于网络配置经常需要进行调整,所以网络管理必须提供足够的手段来支持系统配置的改变。配置管理就是用来支持网络服务的连续性而对管理对象进行的定义、初始化、控制、鉴别和检测,以适应系统要求。

现实中使用的计算机网络是由多个厂家提供的产品、设备相互连接而成的,各设备需要相互了解、适应与其发生联系的其他设备的参数、状态等信息,否则不能正常工作。由于网络系统是动态变化的,如网络系统本身要随着用户的增减、设备的维修或更新来调整网络的配置,因此需要相应的技术手段来支持这种调整或改变,使网络能更有效地工作。

配置管理的主要功能有以下几个方面:

(1) 将资源与其资源名称对应起来。

(2) 收集和传播系统中现有资源的状况及其运行状态。

(3) 对系统日常操作参数进行设置和控制。

(4) 修改系统属性。

(5) 更改系统初始化配置或关闭某些资源。

(6) 掌握系统配置的重大变化。

(7) 配置管理信息库。

(8) 设备的备用关系管理。

2. 性能管理

性能管理用于对管理对象的行为和通信活动的有效性进行管理。它通过收集有关统计数据和对收集的数据进行分析,获得系统的性能参数,保证网络的可靠、连续通信的能力。性能管理由两部分组成,一部分是用于对网络工作状态的收集和整理的性能监测,另一部分是用于改善网络设备的性能而采取的动作及操作的网络控制。性能管理提供的主要功能包括如下几方面:

(1) 工作负荷监测、收集和统计数据。

(2) 判断、报告和报警网络性能。

(3) 预测网络性能的变化趋势。

(4) 评价和调整性能指标、操作模式和网络管理对象的配置。

3. 故障管理

故障管理是用来维护网络正常运行的。故障管理主要解决与检测、诊断、恢复和排除设备故障有关的网络管理问题。通过故障管理来及时发现故障,找出故障原因,实现对系统异常操作的检测、诊断、跟踪、隔离、控制和纠正等。

在大型计算机网络中,当发生失效故障时,往往不能轻易、具体地确定故障所在的准确位置,而需要相关技术上的支持。因此,需要有一个故障管理系统,科学地管理网络发生的故障,并记录每个故障的产生及相关信息,最后确定并改正这些故障,保证网络能提供连续可靠的服务。

故障管理提供的主要功能如下:

(1) 告警报告。

(2) 事件报告管理。

(3) 日志控制。

(4) 测试管理。

4. 安全管理

由于网络的开放性,安全管理显得非常重要。在网络中主要的安全问题有数据的私密性(保证数据不被非法用户获取)、身份认证(保证非法用户不能进入网络系统)和授权

(保证合法用户只能访问规定的数据)等。一般的安全管理系统包括风险分析功能、安全服务功能、审计功能以及网络管理系统保护功能等。

安全管理系统并不能杜绝网络的侵扰和破坏,其作用只能是最大限度地防范。通常,安全管理应该包含以下主要功能:

(1)采取多层防护手段,将受到侵扰的概率降到最低。

(2)提供检测非法入侵的手段。

(3)提供入侵后恢复系统的能力。

(4)支持身份认证。

(5)支持访问控制和授权。

(6)支持数据传输过程中的安全保护。

(7)支持密钥管理功能。

5. 计费管理

计费管理是用来对用户进行流量计算、费用核算、费用的收取。在计算机网络系统的信息资源被有偿使用的情况下,需要能够记录和统计哪些用户利用哪条通信线路传输了多少信息,以及做的是什么工作等。在非商业化的网络上,仍然需要统计各条线路工作的忙闲情况和不同资源的利用情况,以供决策参考。

计费管理的主要功能是:将应该缴纳的费用通知用户;支持用户费用上限的设置;在使用多个通信实体才能完成通信时,能够把使用多个管理对象的费用结合;等等。具体来说,计费管理功能主要体现在以下几方面:

(1)以一致的格式和手段来收集、总结、分析和表示计费信息。

(2)在计算费用时应有能力选取计算所需的数据。

(3)有能力根据资源使用情况调整价目表,根据选定的价目、算法计算用户费用。

(4)有能力提供用户账单、用户明细账和分摊账单。

(5)所出账单应有能力根据需要改变格式而无须重新编程。

(6)便于检索、处理,费用可再分配。

6. 容错管理

容错管理解决硬件设备故障的有效方法是实行系统“热备份”,又称系统冗余备份。主机可以使用双机热备份的方式来提高网络系统的可靠性和稳定性。硬盘通常用硬盘冗余阵列来实现冗余备份。

7. 网络地址管理

动态主机配置协议提供一种动态分配 IP 配置信息的方法,用于网络地址管理。

8. 软件管理

软件管理包括软件计量管理、软件分布管理、软件核查管理。

9. 文档管理

网络文档管理有三种基本内容:硬件配置文档、软件配置文档和网络连接拓扑结构图。

10. 网络资源管理

网络资源包括与网络有关的设备、设施以及网络操作、维护和管理人员,网络资源管理就是对网络资源进行登记、维护和查阅等一系列管理工作,通常以设备记录和人员登记表的形式对网络的物理资源和员工实施管理。设备记录中记录网络中使用的每个设备的参数设置、设备利用率统计结果、有关制造厂商的数据、备用零部件数量及其存储地点等信息。这些设备记录的数据库及其管理系统是网络管理系统的一部分,也是网络管理系统的附加功能,这些数据大多数是静态的,与网络运行过程无直接关系。

网络资源还有一些不单独成为设备的资源,如长途线路、租用线路等,这些都称为设施。设施只需记录电路的容量、条数、编号、连接头位置、载波频率、工作条件、原来的用途和上次使用结束时的状况等。这些信息有助于分析相关设施的性能变化趋势,可以预先发现故障苗头并及时修复,以保证网络服务质量。

二、军事信息系统常用网络管理协议

军事信息系统使用简单网络管理协议(Simple Network Management Protocol,SNMP)管理不同的网络。SNMP 为不同种类、不同厂家和不同型号设备的管理提供了统一的接口和协议,使得大型网络的管理更加高效和便捷。

1. SNMP 概述

SNMP 是目前 TCP/IP 网络中应用最广泛的网络管理协议,由 IETF 于 1988 年在 RFC1067 中提出。1989 年 IETF 正式公布 SNMPv1(RFC1157),1993 年 IETF 发布了 SNMPv2(RFC1441),1998 年 IETF 发布了 SNMPv3(RFC2571-2575)。目前 SNMP 已成为计算机网络管理事实上的工业标准。

SNMP 的基本思想是:为不同种类的设备、不同厂家的设备、不同型号的设备,定义一个统一的接口和协议,使得管理系统可以使用统一的外观对需要管理的网络设备进行管理。通过 SNMP,一个管理系统可以同时管理位于不同物理空间的多个设备,大大提高网络管理的效率,简化网络管理员的工作。网络管理的典型示意图如图 4-8 所示。广义上来讲,SNMP 是指采用这个协议的整个网络管理框架——互联网标准网络管理框架,它包括四个关键性组件:管理者、代理、网络管理协议和管理信息库。

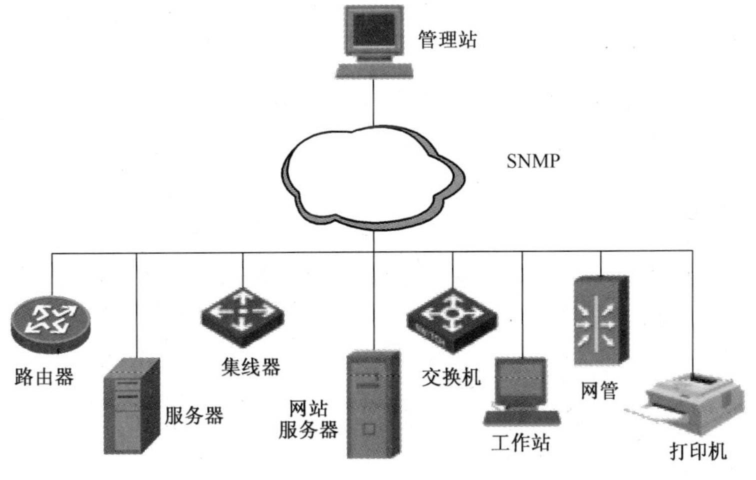

图 4-8 SNMP 参考模型

SNMP 定义了管理者和代理交换信息的方法、消息格式等，SNMP 位于应用层，利用 UDP 的两个端口(161 和 162)实现管理员和代理之间的管理信息交换。UDP 端口 161 用于数据收发，UDP 端口 162 用于代理报警(即发送 Trap 报文)。

SNMP 的功能，可以通过一个例子来解释。医院的住院部一般由一个护士站和若干病房组成。出于管理的需要，护士站需要知道病人的血压、体温、脉搏等体征数据。为了获得这些数据，护士要定期向病人采集这些数据。另一方面，当患者有重要的情况发生时，需要及时通知护士对病人执行一些护理操作和医疗处理，而护士不可能每时每刻在患者身边观察。所以，每个病房都有按铃、电话等设备。在医院里，因为医疗手续、护理操作等比较繁琐，病人治疗时一般都有家人陪护。陪护者一般负责照顾病人的起居、处理医疗手续等。

2. SNMP 通信模型

SNMP 是连接管理者(Manager)和代理(Agent)的桥梁，是管理者监控被管设备的状态、向被管设备施加操作的纽带。为了使被管设备的状态、参数与管理站获取的被管设备的状态、参数保持一致，SNMP 采用了轮询和陷阱(Trap)的通信机制。下面详细讲解两种机制的工作原理。

轮询是指管理者周期性地主动查询整个网络设备的工作状态和参数，其查询周期称作轮询周期。这里的主动是指管理者向代理发送查询请求，代理查询设备状态和参数并响应该请求。这样如果网络设备发生故障，管理者都能够在一定的时间内检测到并进一步采取措施，使得因设备故障而引起的服务质量下降减少到最低。轮询的主要缺点是故障发现的时效性差，不能在设备出现故障的第一时间获取设备的状态。假如管理者刚刚查询完某个被管设备状态，恰恰此时该设备发生了故障，只有等下一个轮询周期到达时，管理者才能得到该故障信息，这使得管理者中的信息与被管设备的真实信息在某段时期不一致。

为了弥补以上缺陷，SNMP 设计了陷阱(Trap)机制。陷阱是指网络设备的状态和参数发生变化后，代理及时以主动的方式向管理者报告此事件，这种报告称为事件报告。事件报告的产生有多种原因，如网络流量达到管理系统设置的阈值、网络设备掉电、设备重启等。在某些情况下，设备或网络故障将导致代理不能将 Trap 报文发送出去，使得管理者也无法获取被管设备的状态或参数。

由此可见，轮询所掌握的网络状态和参数虽然全面，但时延较大，而事件反映的网络状态变化又不完全，而且事件报告的传输也多少总有一些时延，因此在任何时刻，网络管理系统中记录的网络设备的状态和参数，与网络设备的实际状态和参数不可能做到完全相同，细微、短时的差别总是存在的，但这并不会影响到管理系统的工作。

3. SNMP 版本

从 1989 年 SNMPv1 正式公布，到目前 SNMPv3 的大量使用，SNMP 的功能、效率和安全性不断加强。这里对三个版本的优缺点进行介绍，以加深对各个版本区别的认识，为版本选择提供参考。

1) SNMPv1 的优缺点

SNMPv1 充分体现了简单的特点，它只采用了其中的 5 种基本操作实现网络管理，采用团体名这个形同虚设的功能保障通信安全，等等。随着 SNMPv1 的应用，其缺点不断暴露出来，主要表现在：

(1) 提供的安全功能形同虚设,特别是不能对管理消息进行认证,也不能防止监听。消息头中的团体名没有被加密,可以被轻易观测,监听者可以知道并获得相应的权限。由于缺少认证功能,SNMP 对于分组篡改缺少防护能力,防止网络攻击能力相当弱,导致许多供应商不实现 set 命令,这样等于缩小了 SNMP 的功能。

(2) SNMPv1 缺少管理站到管理站的通信机能,使管理站之间不能有效协作,只能采用集中式网络管理模式,系统抗攻击能力弱。

(3) 用户对大量数据读取的需求比较高,而 SNMPv1 缺少对应的读取操作。

因此,SNMPv1 适用于:当用户的网络规模较小,网络设备较少,且网络设备环境本身比较安全时(比如校园网),可以选择使用 SNMPv1 保证网管和设备间的通信。基于以上原因,IETF 很快于 1993 年发布了 SNMPv2 的标准,扩展了 SNMPv1 的功能。

2) SNMPv2 的优缺点

SNMPv2 的常用版本为 SNMPv2c。由于发布时间紧迫,在安全机制上没有达成一致,不得不放弃了安全管理部分,但在后续的第三版中这部分功能得到了完全加强。SNMPv2 的优点主要体现在:

(1) 定义了上下级管理站间通信的功能。对上级管理站而言,下级管理站既有管理站的功能,也有代理的功能。就代理角色来说,它需要接收上级管理站发送的命令并实现相应处理,包括:①下级管理站存储了其所管理设备的所有数据,存放在相应的 MIB 结构中,上级管理站可以通过 SNMPv2 协议访问这些信息。②为了保证消息可靠性,管理站之间可以发送可靠的 InformRequest 消息。由于该消息是需要接收方应答的,比 Trap 消息的可靠性更高。

(2) SNMPv2 提供了 GetBulkRequest 操作,它能够有效地检索大块的数据,特别适合在表中检索多行数据,提高了大量数据读取的效率。

(3) 对 SNMPv1 的 SMI 和 MIB 进行了增强。因此,SNMPv2 适用于:当用户的网络规模较大,网络设备较多,对网络安全性要求不高或者网络环境本身比较安全(比如 VPN 网络),但在业务比较繁忙,有可能发生流量拥塞时,可以选择使用 SNMPv2c 保证网管和设备间的通信。

3) SNMPv3 的优缺点

SNMPv3 只是一个安全规范,没有定义其他新的 SNMP 操作,只为 SNMPv1 和 SNMPv2 提供了安全方面的功能,通常用这样一个公式表述第三版与其他版本的关系:SNMPv3 = SNMPv2+安全管理。

SNMPv3 提供的安全性主要是数据的加密和认证,借助于密码学相关的加密和摘要算法实现:

(1) 认证。数据完整性和数据发送源认证,保证消息是该发送源发送的,不是别人伪造的数据包、传输过程中没有被篡改过。使用 HMAC、MD5 和 SHA-1 对数据进行摘要,从而认证数据有没有被篡改。

(2) 加密。对数据进行加密,保证不能使用网络数据包截获技术将监听包直接解读。使用 DES 的 CBC 模式来加密数据,既保证了加解密的效率,又保证了足够的强度。

因此,SNMPv3 适用于:当用户的网络对安全性要求较高,只有合法的管理员才能对网络设备进行管理,并且传输的网络数据需要保证其安全性和准确性时,比如网管和被管理设备间的通信数据需要在公网上进行传输，可以部署 SNMPv3，通过 SNMPv3 的认证和加密功能确保数据传输的安全性，保证网管和被管理设备之间的正常通信。

4. 管理信息库（MIB）

被管设备的许多信息是网络管理系统所关心的，如被管设备的类型、接口数量、接口状态、IP 地址信息等。为了方便管理这些设备，代理需要从被管设备收集这些信息并向网络管理系统提供访问这些信息的接口，其中代理收集的这些与网络管理密切相关的信息被称作管理信息。如果不能规范代理收集的管理信息及外部接口，各个设备制造商写出来的管理信息都各不相同，多厂商网络设备的管理中将出现互不兼容的情况。为此，IETF 规范和限制了管理信息的定义方法，这就是管理信息结构（SMI）。SMI 规范了管理信息定义的方法，包括数据类型、宏结构、命令规则等，其定义在 RFC1155 中。而且，IETF 还利用 SMI 定义了标准的管理信息，称作管理信息库（Management Information Base，MIB）。网络设备厂商可以根据设备具体情况有选择地实现 MIB 中定义的管理信息。根据 SNMP 规范，每个被管设备的代理需要维护该设备的管理信息库，其管理信息库是由该设备定义的管理信息构成的。

SNMP 包括两个版本的管理信息库，按先后顺序分别称为 MIB-Ⅰ和 MIB-Ⅱ。MIB-Ⅱ对 MIB-Ⅰ进行了扩展和修改，现在的 SNMP 都以 MIB-Ⅱ为基准。

目前常见的信息网络体系结构有 FDDI、以太网、令牌环网和快速以太网等。从信息网络互联的角度看，信息网络体系结构的关键要素是信息网络协议和拓扑结构。OSI 参考模型用物理层、数据链路层、信息网络层、传输层、对话层、表示层和应用层七个层次描述信息网络的结构，它直接影响总线、接口和信息网络的性能。

三、军事信息系统常用网络管理方法及工具

1. 目标管理法

对军事信息网络管理来说，目标管理就是围绕确定的目标和实现目标而展开的一系列管理活动，也可以说是一种程序和过程。它是上级信息网络管理中心与下级信息网络管理中心，或某级信息网络管理中心的内部上、下级之间，为达到某一目的而商定的信息网络管理的共同目标，并由此决定各级信息网络管理中心、业务室和个人的具体责任，并把这些目标作为评估每个单位和个人贡献的标准。其目的是通过目标激励，充分调动人的积极性，从而保证实现总目标。

2. 全面质量管理法

全面质量管理是 1961 年创建的，简称为 TQC。它是一种现代科学管理方法，是组织全体人员和所有部门，综合运用管理技术、专业技术和科学方法，控制影响系统质量的各种因素，建立一套完善严密的质量保证体系，以保证和提高质量而进行的管理活动。“全面质量管理”是“质量管理”第三次飞跃。质量管理理论的产生和发展大致经历了四个阶段，即质量检验阶段、统计质量阶段、全面质量管理阶段和 ISO 质量认证阶段。

全面质量管理工具，其核心工具有“PDCA 循环法”和“质量统计方法”。

（1）PDCA 循环法：是计划（Plan）、执行（Do）、检查（Check）、处理（Action）四个单词的缩写，具体到军事信息网络管理，就是信息网络管理工作必须经过四个阶段的反复循环才能确保信息网络运行的质量。

(2) 质量统计方法:其主要目的是从偶然因素中找到本质的因素,从繁杂的现象中抓住主要矛盾。也就是运用统计分析方法,从收集到的信息和资料中,去伪存真,从复杂的现象中,找出主要的、规律性的东西,获得对客观问题的正确认识,从而提高管理水平。常用的统计分析方法有因果图、排列图、直方图、过程决策程序图等。

① 因果图:一个质量问题的发生,往往是多种原因综合作用的结果。结果从多种错综复杂的因素中理出头绪,抓住关键因素,就要利用因果图的方法追根究底,查出原因。

② 排列图:是意大利经济学家巴雷托在分析社会财富分配时设计出来的一种统计图。这种统计图能够反映"少数是关键,多数为次要"的客观规律,也成为巴雷图。通过找出关键的少数问题,即可用最小的努力获得最大的效果。

③ 直方图:是频繁直方图的简称。它是用一系列宽度相等、高度不等的长方形表示数据的图。

④ 过程决策程序图:是为实现研究开发目标,在制定计划或进行系统设计时,事先预测不可能发生的不理想事态或结果,并制定相应的处理方法。

第三节 H3C 军事信息系统网络管理系统

H3C iMC 网络管理系统是华三(H3C)公司开发的综合网络管理系统,目前多用于军事信息系统网络管理。H3C iMC 以网络管理为核心,为网管人员提供资源、用户和网络业务相融合的网络管理解决方案,实现对网络的端对端管理。

一、H3C iMC 网络管理系统介绍

1. H3C iMC 网络管理系统简介

H3C iMC 网络管理系统是基于 iMC(Intelligent Management Center)智能管理中心统一平台的综合网络管理产品和解决方案。H3C iMC 网络管理系统(以下简称 iMC 系统)以网络管理为核心,重点关注网络中的各种资源、用户以及网络业务,目的是为网络管理员提供资源、用户和网络业务相融合的网络管理解决方案。iMC 系统融合了当前多个网络管理软件,为用户提供了实用、易用的网络管理功能,在网络资源的集中管理基础上,实现拓扑、故障、性能、配置、安全等管理功能。

iMC 智能管理平台(以下简称 iMC 平台)是整个 iMC 系统的基础管理平台,是其他业务管理组件的承载平台,与组件共同实现了管理的深入融合联动。iMC 系统的各个业务组件都必须安装在这个公共的平台上才能使用。iMC 平台不仅为系统各业务组件的集成提供了包括统一权限控制、SOA 框架、统一操作日志管理、统一 License 控制、分布式安装等基本功能,而且还为用户提供了丰富的网络管理和用户管理功能,其中包括操作员管理、拓扑管理、性能管理、告警管理及操作日志管理等。

2. H3C iMC 网络管理系统整体架构

H3C iMC 网络管理系统采用了面向服务的 SOA 架构,整体分为三个层次,每一层可以对外提供接口,具备系统集成能力,如图 4-9 所示。最底层为平台框架,是整个 iMC 系统的基础框架,它提供统一的资源访问和基础资源管理,负责设备/终端的数据访问适配,文件的导入/导出以及数据库的连接。中间层主要为 iMC 的基础网络管理功能和其他业

务功能组件,基础管理组件包括拓扑管理、网络告警、性能管理等;资源管理组件主要用于基础功能的扩展和特殊功能的支持,如 ACL 管理和 QoS 管理等。最上面一层在组件支持的情况下主要实现 iMC 的业务流程,如安全联动业务流程、性能优化业务流程等。在用户界面上 iMC 基于 B/S 架构,支持友好 Web 访问,使网络管理实现简洁高效。

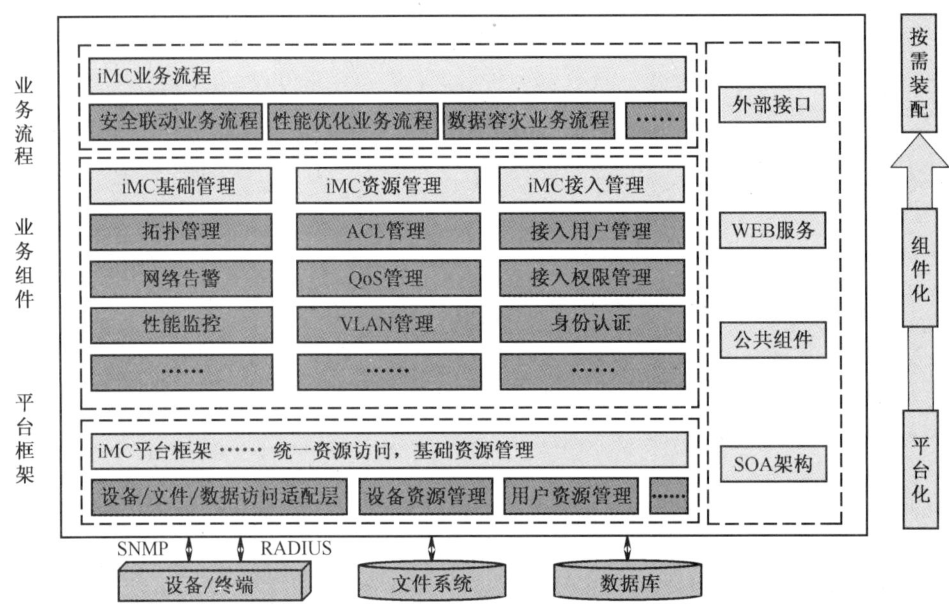

图 4-9 iMC 系统架构

iMC 网络管理系统结构设计以用户为本、灵活分配网络资源、迅速响应业务目标的变化为出发点,保证整个系统结构可以适应业务扩展、业务组合、系统集成的不同应用要求。通过平台加组件的结构化设计,平台框架实现了资源的统一管理和访问控制,不同业务独立设计,形成可扩展的组件设计模式,提供业务扩展能力。可按照客户所需选择装配,通过业务流完成整个网络管理和运维。不同业务之间实现融合联动,业务组件不再独立支撑业务,为客户提供更实用的业务支撑。

3. H3C iMC 网络管理系统组网方式

iMC 网络管理系统提供两种组网方式,即分布式组网和分权分级式组网。安装一套 iMC 时,可以采用分布式组网,以便分担各模块的性能压力,可以将各组件分布式安装到不同的服务器上。在分布式部署环境中,存在一个主服务器和若干从服务器。主服务器端运行 iMC 平台资源组件,从服务器端可以分别运行平台性能、告警、用户接入认证(UAM)、终端准入控制(EAD)检查等组件。多个组件可以集中部署在一台服务器上,也可以根据实际负载情况和服务器配置情况分离部署。

对于设备数量较多、分布地域较广的网络,可以采用分权分级式组网方式,这种组网方式有利于对整个网络进行清晰分权管理和负载分担。分级组网时,按区域划分,将整个网管分为上、下级两层(或更多层),在各个区域部署 iMC 系统,其中专业版 iMC 平台为上级网管,其他 iMC 平台(专业版或标准版)为下级网管,如图 4-10 所示。

对各自管理域内设备进行监控、维护,分层管理设备的运行状态、告警、性能等,可以

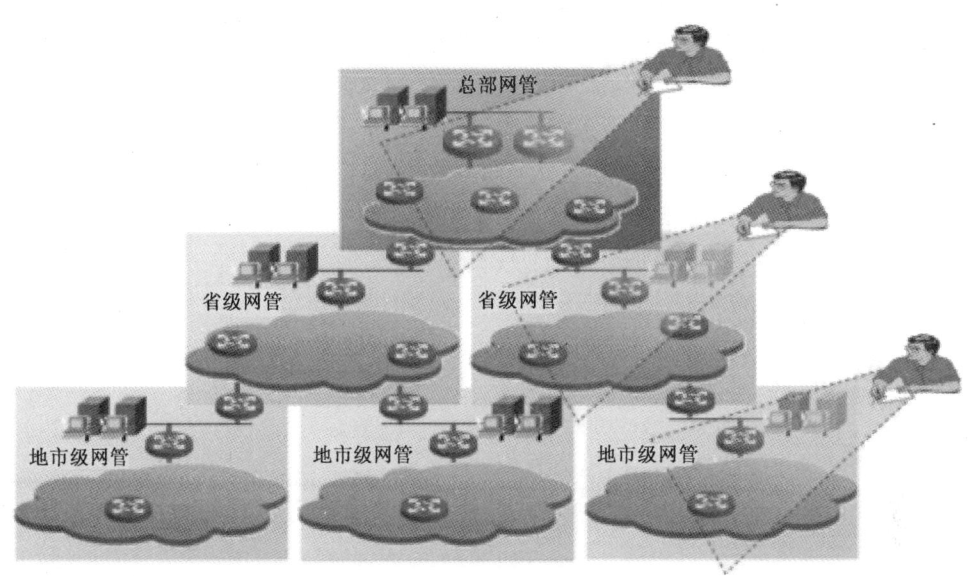

图 4-10 iMC 网络管理系统分级组网方式

通过上级网管直接对下级网管及其管理的设备进行管理。下级 iMC 系统的重要信息可以通过分级网管的告警功能通知上级 iMC 系统的管理人员。

4. iMC 网络管理系统支持的主要网络接口和协议

iMC 网络管理系统可以支持多种网络协议和网络接口,提供了良好的兼容性。

(1) 支持 SNMP v1、v2c、v3 协议访问设备,用于使用 MIB 进行管理的功能,包括 iMC 系统几乎所有和设备相关的功能。

(2) 支持 SNMP v1、v2c、v3 协议访问设备,用于使用 MIB 进行管理的功能,包括 iMC 系统几乎所有和设备相关的功能。

(3) 支持 Telnet、SSH 协议访问设备,用于设备配置管理、ACL 管理等使用命令行的功能;SSH 协议(基于 Telnet 的安全远程登录协议)支持密码和 RSA/DSA 密钥认证,保证数据传输的安全性。

(4) 支持 TFTP、FTP、SFTP 协议访问设备,用于设备配置管理等使用文件传输的功能。

(5) 基于 HTTP/HTTPS 协议的 Web 浏览器访问接口,目前兼容 IE 和 Firefox 浏览器。

(6) 基于 RESTful 协议的 Web Services 访问接口。

二、H3C iMC 网络管理系统功能

1. 首页个性化定制及大屏显示

支持各业务在首页发布 Widget(Web Widget,中文译名为“微件”,是一小块可以在任意一个基于 HTML 的 Web 页面上执行的 Web 子页面),每个 Widget 具有折叠、还原、最大化、拖拉、关闭、新窗口打开、自动异步刷新等功能。

支持用户在自己的权限范围内定制个性化主页。

支持通过高分辨率大屏幕监视网络运行情况,以便实时掌握网络运行状态,显示的内容可根据管理员的需求进行定制。

2. 移动智能客户端

支持使用移动客户端(智能手机、平板电脑等)访问 iMC 系统中的资源,以简化网络的日常管理和监控,提升管理效率。通过 iMC 移动智能客户端,管理员可以查询特定设备,浏览存在故障的设备信息及接口信息,对设备进行可达性测试(Ping,TraceRoute)等操作。

3. 全面的基础资源管理

更多的管理设备类型:除了传统的路由器、交换机外,更能对网络中的无线、安全、语音、存储、监控、服务器、打印机、UPS 等设备进行管理,实现设备资源的集中化管理。

多厂家设备的统一管理:除了对 H3C 的网络设备管理外,还实现了对 HP、3Com、华为、Cisco 各厂家网络设备的分类和识别。

支持对设备访问参数的批量配置和校验,提供对网络设备资源的查找、修改、删除和批量导入/导出功能;提供用户的批量管理功能。

灵活快捷的自动发现算法:提供了四种高级自动发现方式,包括路由方式、ARP 方式、IPSec VPN 方式、网段方式等,能快速、准确地发现网络资源。

直观的设备面板管理:支持设备面板管理,所见即所得地显示设备的资产组成和运行状态。

4. 灵活的拓扑功能

多种网络拓扑视图:除传统的 IP 拓扑视图外,还提供全网络的拓扑视图和自定义拓扑视图。在全网络拓扑视图中,用户可以随意组织和定制子图。

增强的二层拓扑:支持二层拓扑,实现了同一个 VLAN 或者网段内部 PC 与网络设备、二层网络设备之间的互连关系。

数据中心机房、机架拓扑:支持按设备物理位置进行组织的数据中心机房和机架拓扑。

5. 智能的告警管理

直观的故障列表:能自动汇总全网中故障设备,形成故障设备列表。

智能的告警关联:提供对重复告警、突发的大流量告警、未知告警的自动过滤,支持自定义过滤规则。

告警根源分析和影响度分析:提供基于拓扑的区域告警根源分析,告警关联分析,告警分组分析。

告警定义和 MIB 导入:提供新增及通过 MIB 导入 Trap 定义功能。

丰富的告警转发机制:除提供告警声光提示、转发 E-mail、转发短信等方式外,还可以针对不同的告警,定义不同的提示内容以及对应维护参考,当再次出现同类告警后,能直接对应到相应的维护参考。

结合拓扑直观的设备故障状态监控:使用显著的颜色把故障状态直观的反映在拓扑中的设备和链路图标上,用户仅需要查看拓扑,即可知道网络的整体运行状态。

Syslog 接收与分析:支持多厂商设备的 Syslog 原始报文接收,提供日志浏览、查询、导出及自动转储功能。并且可以根据预定义及用户自定义规则对 Syslog 报文进行分析,将关键事件升级为告警。

安全事件联动:对多厂商设备的 Syslog 报文进行分析,提取安全相关的关键信息(比如攻击事件类型、攻击源、攻击目的),并根据安全控制策略,采取匹配的安全动作,比如关闭攻击源网络端口等。

6. 易用的性能管理

一目了然的网络 TopN 性能指标:通过 TopN 列表,使用户能一目了然当前网络中的性能瓶颈。

性能视图:用户可灵活定制性能数据浏览视图,分析网络运行趋势。性能视图支持多指标多实例数据组合的展示。

性能与告警的深度结合:iMC 平台支持对每一个性能指标设置两级阈值,发送不同级别的告警。用户可以根据告警信息直接了解到设备监视指标的性能情况。

详实的性能统计报表:利用采集到的性能数据信息,能对关键的性能监控内容形成实用、详实的统计报表,可以将报表导成 Excel、Html、PDF、Word 等格式的文件。

丰富的拓扑性能指标实时展示:支持在拓扑中展示设备和链路性能监控数据,可为不同设备和链路定制不同展示指标。

7. 强大的配置管理

资源化的配置和软件管理:提供了配置模板库和设备软件库的管理。配置模板库维护网络设备配置模板文件、用户常用的配置模板片段两种资源。

设备软件库维护各类软件文件。除了管理设备的版本软件,还支持设备上各种业务的软件管理(目前包括 ONU 软件、ONU 算法等设备软件资源),从而实现设备软件文件的统一管理。

集中化的设备配置和软件信息展示:提供全网设备的配置文件、软件版本信息集中式展示,包括设备的当前软件版本、最近备份时间等信息;可提供管理员对设备的集中操作包括设备配置部署、设备配置备份与恢复等管理功能。

自动化建立可追溯的网络配置:通过启动自动备份功能,帮助管理员周期性、自动地完成设备配置的历史备份,为用户自动建立起可追溯的网络配置。

8. 丰富的 VLAN 管理

全网 VLAN 管理:通过该功能,管理员可以很方便地在全网范围内增加、修改和删除 VLAN,查看设备所属的 VLAN,并对 VLAN 内的设备进行管理。

VLAN 设备管理:提供了对单个设备上 VLAN 相关资源的管理,比如对 VLAN、路由虚接口、Access、Trunk、Hybrid 的创建、删除和修改。

VLAN 拓扑:在 VLAN 拓扑中,通过节点或链路加亮的方式显示是否允许当前 VLAN 通过;同时允许管理员直接基于拓扑图进行配置,使当前 VLAN 在某节点和链路上允许通过。

VLAN 批量部署:采用向导方式,提供对全网内的 VLAN 资源进行批量配置。

9. 实用的 IP/MAC 管理

IP 地址分配:将 IP 地址作为网络中的一种资源,进行统一分配和管理。管理员可以通过自动扫描,快速查找网络中正在使用的 IP 地址,也可以根据情况,手工设置要分配的 IP 地址。使用划分 IP 地址段功能,管理员还可以按照部门、办公区等方式,将多个 IP 地址划分到一个 IP 地址段中,以便对 IP 地址进行更方便的管理。

IP/MAC 绑定：可以将 IP 地址与 MAC 地址进行绑定，防止用户随意修改 IP 地址，做到 IP 地址的统一管理，避免安全隐患。

MAC/接口绑定：可以将终端 MAC 地址与接入设备上的接口进行绑定，防止未授权的终端 MAC 地址接入到接入设备上的特定接口。

IP 接入定位：IP 接入定位用于查看网络中某个客户端与设备之间的接入关系，即根据客户端的 IP 地址或 MAC 地址，查看该客户端是通过哪台设备的哪个接口在何时接入到网络的。使用 IP 接入定位功能，可以帮助网络管理员迅速定位网络中存在安全隐患的客户端，并将其隔离，以保证网络的正常运行。

IP/MAC 学习查询：查询某台交换机或者交换机的某个接口学习到的所有 IP/MAC 地址信息，用于确定某台网络设备大概所在的位置。学习到的 IP/MAC 信息包括：交换机 IP、交换机接口描述、VLAN ID、IP 地址、MAC 地址。

10. 丰富的报表管理

提供用户的报表视图，展示当前管理员常用的报表，包括实时报表、快速自定义报表和周期报表。

提供即点即看类型的实时报表。

通过周期报表帮助用户定期自动生成报表，并可以根据用户需要自动发送到用户的指定邮箱中。

11. 专业的网络分级分权管理

通过权限管理，可为不同的 iMC 系统操作人员规划不同的权限，不同的权限对应不同的设备分组，从而实现精细化分权管理能力。

12. 资源深度管理的承载平台

除了网络管理功能外，iMC 系统更是资源深度管理的承载平台，在此基础上用户可以增加 H3C 智能管理中心“NTA 网络流量分析”“MPLS VPN 管理”“EAD 终端准入控制”“UBA 用户行为审计”等组件，同时基于 SOA 的软件架构也能方便集成用户原有管理系统。

三、H3C iMC 网络管理系统安装及部署

iMC 系统的安装与大多数网络管理系统的安装过程类似。可以基于 Windows 和 Linux 操作系统运行，分别采用 Microsoft SQL Server 和 Oracle 数据库来实现数据存储和管理。要保证 iMC 正常运行，需要正确安装操作系统、数据库和 iMC 软件。另外，不需要单独安装客户端软件，用户可以直接使用浏览器访问 iMC。在 Windows 下可直接使用不低于 V6.0 SP1 版本的 IE 浏览器或者不低于 V3.6 版本的 Firefox 浏览器访问 iMC；在 Linux 上可使用不低于 V3.6 版本的 Firefox 浏览器访问 iMC。

1. 软件配置需求

iMC 系统对服务器软件的配置要求和推荐配置如表 4-2 所列。

iMC 网络管理系统必须安装在数据库所在的服务器上。Windows Sever 与 SQL Server 配套使用；Linux 与 Oracle 配套使用。

2. 安装及部署说明

iMC 网络管理系统为了提高服务器的使用性能，采用了“安装+部署”的安装策略。

iMC 系统的安装过程实际上是一个文件复制并启动部署代理的过程。各个组件的功能需要在部署后才能使用。

表 4-2 服务器软件配置需求

配置项	配置要求	推荐配置
Windows 平台		
操作系统	Windows Server 2003(32、64bit)	需要安装补丁 Service Pack 2 和 KB942288
	Windows Server 2003 R2(32、64bit)	需要安装补丁 Service Pack 2 和 KB942288
	Windows Server 2008(32、64bit)	需要安装补丁 Service Pack 2
	Windows Server 2008 R2(32、64bit)	需要安装补丁 Service Pack 1
数据库	SQL Server 2005	需要安装补丁 Service Pack 3
	SQL Server 2008	需要安装补丁 Service Pack 3
	SQL Server 2008 R2	需要安装补丁 Service Pack 1
Linux 平台		
操作系统	Red Hat Enterprise Linux Server 5(32、64bit)	无
	Red Hat Enterprise Linux Server 5.5(32、64bit)	无
	Red Hat Enterprise Linux Server 6.1(64bit)	无
数据库	Oracle 11g	无
	Oracle 11g Release 2	无

iMC 网络管理系统提供了两种部署方式。

(1) 集中式部署:将所有组件全部部署在主服务器上。

(2) 分布式部署:将部分组件部署在其他服务器(从服务器)上。

其中,主服务器是 iMC 系统中的管理中心,负责与其他所有从服务器联动共同完成管理工作;从服务器负责完成特定的管理工作,比如性能管理等;从服务器只与主服务器进行数据交互,管理员在从服务器上只能通过 IE 浏览器访问主服务器来启动部署监控代理,进行分布式部署。当采用分布式部署时,用户只需要访问主服务器即可实现 iMC 网络管理系统的管理功能。

本章小结

网络管理是军事信息系统管理的重要组成部分,在当今计算机网络技术应用与发展非常迅速的时期,掌握好常见的网络管理系统所采用的协议和常用网络管理系统的使用,对于理解我军军事信息网络管理是一个很有必要的前提。本章讲解了网络管理的一些基本知识以及常用的 H3C 网络管理系统。相信读者掌握了本章的知识,对于网络管理将会有一些自己的认知。

作 业 题

一、单项选择题

1. 计算机网络中,共享的资源主要的指(　　)。

A. 主机、程序、通信息道和数据　　B. 主机、外设、通信息道和数据

C. 软件、外设和数据　　D. 软件、硬件、数据和通信信道

2. 在一所大学中,每个系都有自己的局域网,则连接各个系的校园网是(　　)。

A. 广域网　　B. 局域网　　C. 城市网

D. 这些局域网不能互联

3. ISO/OSI 模型将计算机网络分为(　　)层。

A. 2　　B. 3　　C. 4　　D. 7

4. 在互联网上,每个网络和每台主机都被分配一个地址,该地址由数字表示,数字之间用小数点分开,该地址称为(　　)。

A. TCP 地址　　B. IP 地址

C. WWW 服务器地址　　D. WWW 客户机地址

5. Email 是指(　　)。

A. 利用计算机网络及时地向特定对象传送的一种通信方式

B. 电报、电话、电传等通信方式

C. 无线和有线的总称

D. 报文的传送

6. 连入计算机网络的计算机或服务器都必须在主机板上插一块(　　)才能互相通信。

A. 视频卡　　B. 网卡　　C. 显示卡　　D. 声卡

7. IP 地址是(　　)。

A. 接入互联网的计算机地址编号　　B. 互联网中网络资源的地理位置

C. 互联网中的子网地址　　D. 接入互联网的局域网编号

8. 域名是(　　)。

A. IP 地址的 ASCII 码表示形式

B. 按接入互联网的局网的地理位置所规定的名称

C. 按接入互联网的局域网的大小所规定的名称

D. 按分层的方法为互联网中的计算机所起的直观名字

9. 浏览 Web 的软件称为(　　)。

A. HTML 解释器　　B. Web 浏览器

C. Explorer　　D. Netscape Navigator

二、判断题

1. 网络中的所有微机在进行信息交换时,应使用统一的网络协议。(　　)

2. 电子邮件的地址格式与域名相同。(　　)

3. 互联网使用的基本协议是 TCP/IP。(　　)

4. 在计算机网络中使用的传输介质只能是有线传输介质。　(　　)
5. WWW 是互联网最受欢迎的超文本信息浏览服务。　(　　)
6. 广域网覆盖范围大传输速率较低,主要的目的是数据通信。　(　　)

三、简答题

1. 常见的网络硬件有哪些?
2. 简述实现网络共享的方法。
3. OSI 体系结构中包含了 7 层描述,请说出每一层的名字。
4. 请绘出 OSI RM 系统结构图。
5. IP 地址中的网络号和主机号都表示什么意思?
6. 常用的网络管理协议有哪些?

第五章 军事信息系统安全管理

军事信息系统安全管理目的是在使军事信息系统能在一切用户按规定获得所需信息与服务的同时,保证军事信息系统本身的可靠性、完整性、可用性以及其中信息资源的机密性、完整性、可用性、可审计性和抗抵赖性达到给定的要求水平。军事信息系统安全管理是国家和军队为保证军事信息系统安全而进行的一切管理活动和过程,是确保军事信息系统安全必不可少的最重要的要素之一,是一切用于保证军事信息系统安全的装备、技术和人员能否有效发挥作用的一项决定性因素。

第一节 军事信息系统安全管理概述

军事信息系统安全管理是指对涉及安全问题的各个环节所进行的管理,可以从不同的角度来描述它的内容体系构成。比如管理的对象可以包括人、财、物、信息和时间等方面。相应地可以这样认为,军事信息系统安全管理的内容包括:以保证军事信息系统安全为目的的组织与人事管理、资金与财务管理、设施与物资管理、信息管理等组成部分。在以上所列的主要管理对象中,人员、物资和信息三者的管理,对于军事信息系统安全管理而言尤为重要。

一、军事信息系统存在的安全威胁

高技术条件下局部战争实践表明,信息化条件下军队的信息化水平高度依赖和同步于信息系统发展水平,而信息安全问题一直伴随信息系统发展过程,如果不能保证信息系统发展过程中的安全问题,将会给现在和未来国防和军队建设带来或埋下安全隐患。

在未来的高技术战争中,信息网络是夺取战场“制信息权”的焦点,是达成敌方“战略性瘫痪”的关键。信息化条件下,无论在平时还是战时,依托信息网络部署的军事信息系统都是敌对双方进行信息和物理攻击的重点对象。同时,由于国际化、全球化的信息网络发展,军事信息系统面临的威胁来自各个可能的隐蔽角落。敌对双方通过信息网络,以多种手段来实施对军事信息系统的攻击,这些手段和形式一般有:

(1) 非法访问。即以非合理、正规方式获取对方军事信息系统的信息或篡改其数据,或者利用对方信息网络和系统自身漏洞实施电子引诱(如特洛伊木马等),获取对方关键信息,或者对重要系统数据实施篡改。

(2) 植入破坏性软件。在对方信息系统中植入病毒程序,或“逻辑炸弹”,瘫痪计算机软硬件系统。

(3) 实施电子攻击。通过电子干扰、压制等手段,摧毁敌方信息系统。

(4) 展开心理战。通过多种媒体手段,以声音、图像和文字等多种形式,向对方展开心理战。

(5) 散布虚假信息,进行军事欺骗和误导。

二、军事信息系统安全的基本要素

军事信息系统的安全有五个基本要素,即需保证信息的保密性、真实性、完整性、可用性、不可否认性。

1. 保密性

实现军事信息系统保密要求的常用手段是加密数据,即敏感数据和信息不能让未授权的用户可见或识别,也要阻止授权者将其访问的信息传递给非授权者。

2. 真实性

判断、鉴别军事信息系统的来源数据和信息。

3. 完整性

保障数据内容完整无篡改,使信息保持原始的状态,使信息保持其真实性。

4. 可用性

可用性是在信息网络化过程必须满足的一项基本信息安全要求,也是指授权主体在需要信息时能及时得到服务的能力。

5. 不可否认性

指在网络环境中,信息交换的双方不能否认其在交换过程中发送信息或接收信息的行为。

三、军事信息系统安全管理原则

一切管理的实质,就是对于给定的系统,以人为中心,通过对责任的确定和完成,以达到期求的效益。基于这一基本原理,并结合自身的特点,军事信息系统安全管理必须遵循如下的若干基本原则,作为进行一切管理活动的准则。在各种具体条件下,这些基本原则可能进一步细化为更多的、更为具体的原则。现将这些基本原则分述如下:

1. 系统化原则

系统是在一定环境中具有特定功能,由若干相互作用、相互联系的部分组成的有机整体。系统具有整体性、动态性、相对的开放性、对环境的适应性以及目标与方案的综合性等一系列特性。系统化原则就是坚持运用系统论观念和系统工程方法,来研究和处理军事信息系统安全管理问题的原则。对于军事信息系统安全管理而言,系统化原则具有两个层次的含义。

2. 以人为本原则

管理主要是由人参与和实行的管理,以人为本原则或称为以人为中心原则,就是坚持人是管理的核心和动力。对物资、资金、信息等各种资源的管理,归根到底都要通过对人的管理过程来落实。安全管理的法规、制度靠人来制定,还需要所有与之有关的人自觉地遵守和贯彻。安全管理、设施管理,归根到底需要人来贯彻执行,或有赖于人来进行恰当的机动处置。这一切,离开人的积极性和能动作用的充分发挥是难以奏效的。这就要求管理者要充分发挥工作的积极性、创造性和高度负责精神,不断提高有关的业务和技术水平,使被管理者高度自觉地遵守贯彻安全管理法规制度,积极支持和协助安全管理工作。

3. 责权合理原则

责权合理原则就是在管理过程中明确每一部门和个人的职责,并合理处理职责、权限、利益三者关系的原则。这一原则是贯彻系统化原则,为实现整体目标、分解落实任务的需要;也是体现以人为本精神,充分发挥人的积极性与工作才能的必然要求。列宁曾经指出:“管理的基本原则是——一定的人对所管的一定的工作完全负责”。而要做到这一点,首先必须为“一定的人”,直到每一个人,明确、具体地规定其担负的职责;同时还要赋予其完成职责所需的全部权限,并相应给予适当的利益;此外,将一定的责、权、利授予一定的管理者,还必须考虑其自身是否具备完成职责所需的能力和素质。因此,这些都是军事信息系统安全管理中责权合理原则的基本内容。这些内容虽然与其他一般管理工作的相应原则基本一致,但对于军事信息系统安全管理仍然是十分重要的。

第二节　军事信息系统安全管理的关键技术

军事信息系统主要依托网络安装部署,有效的通信网络是确保交易信息的保密性、完整性、真实性和不可抵赖性的关键,需要合理运用关键技术,增加配套安全性措施,以防止非法侵入者使用、盗用、修改和破坏信息等。同时这些技术手段和安全措施不应给用户带来麻烦,不影响用户使用网络的方便性。目前军事信息系统的安全管理的关键技术主要有数据加密技术,防火墙技术,安全认证技术等。

一、防火墙与 VPN 技术

防火墙与 VPN 是使企业内部网络与互联网之间建立起一个保护层,实行网络分隔的技术。它强制所有的连接都必须经过此保护层,在此进行检查和连接,只有被授权的通信才能通过此保护层,从而保护内部网络及外部的访问。防火墙技术是防止未经许可者擅自闯入保密的内部网络获取信息的一种有效手段,它像一道屏障把内部网络与公开网络隔开,实行内外有别,区别对待。

在互联网上使用具有加密功能的路由器和防火墙,把网络上的数据进行加密后再传输,这一段用来传输加密数据的网络称为虚拟专用网。在防火墙间进行加密通信,使公共网络私有化形成虚拟专用网的技术称为 VPN 技术。VPN 技术可以使地理位置分割的企业在互联网上可以进行数据加密传输,就像建立一个新的企业内联网,但却不用付出很大的建设成本。

VPN 是在公用网中形成企业专用链路,为了形成这样的链路,采用了所谓的隧道技术,可以模仿点对点连接技术,依靠 ISP 和其他的网络提供商在公用网中建立自己专用的隧道,让数据包通过这条隧道传输,从而实现对数据的加密。对于不同的信息源,可给其开出不同的隧道,保证在一个防火墙和另一个防火墙之间的所有的通信都是加密的,在不同的网络远程通信的过程中,一方发出的信息经过加密嵌入到一个网络协议软件包中,并且通过互联网发送,接收方防火墙从网络协议软件包中提取加密的信息,并进行解密得到原文。VPN 技术通过在关键路由或通信接点进行加密操作,降低网络通信受到的攻击,提高数据传输的安全性,降低私人网络的通信成本,企业不再需要进行网络基础设施的建设和租用专线。

二、数据加密技术

数据加密技术是实现信息保密性的一种重要手段,其目的是为了防止合法接收者之外的人获取信息系统中的机密信息。所谓信息加密技术是采用数学方法对原始信息进行再组织,使其以密文方式进行传输和存储的技术。发送方利用密钥经过特殊的运算,将原有的数据转换成一种不可读的格式,而接收方使用相同的密钥,经过逆运算将数据恢复成原状。于是,加密后在网络上公开传输的内容对于非法的接收者来说就成为无用的文字,而对于合法的接受者,可以通过解密过程得到原始的信息。

传统的加密方法包括代换密码和转换密码,具有设计简单、使用方便的特点,在计算机技术高速发展的进程中,传统的加密方法得到进一步提升。私钥加密技术和公开密钥加密技术在传统加密方法的基础上,充分利用计算机的数据处理能力,将算法内部的变换设计得非常复杂,并使用较长的密钥,使得破译十分困难,甚至即使掌握了加密算法,也会由于不知密钥而无法破译密文。

三、安全认证技术

安全认证技术是为了满足信息系统的安全性要求而采取的一种常用的、必须的安全技术。主要包括数字摘要(Digital Digest)、数字签名(Digital Signature)、数字信封(Digital Envelop)、数字时间戳(Digital Time-stamp)和数字证书(Digital Certificate)等技术。

1. 数字摘要

数字摘要是通过进行某种变换运算,对文件中重要元素进行运算后,得到固定长度的摘要码,并在传输时将其加入文件一同送给接收方,接收方接收到文件后,用相同的方法进行变换运算,若得出的结果与发送来的摘要码相同,则可断定文件没有被篡改。

2. 数字签名

数字签名采用两种密码加密:密文和用来解密码的密钥一起发送,而该密钥本身又被加密,还需要另外一个密钥来解码。数字签名技术是为了电子支付的顺利进行而设计的,当选择高强度的加密算法以及妥当的密钥保管技术之后,可以有效地防止外部攻击者的攻击,同时可以保证接收者能够核实发送者对报文的签名;保证接收者不能伪造对报文的签名。这是由于文件署名者将原文件和签名一起传送给接收者,接收者做相应的检查即可判断签名是否与文件匹配,从而判断文件的真实性;如果签署者否认已发出的文件,网络管理中心可以对接收者提交的文件和签名进行检查,做出仲裁;另外,签署者的密钥仅由本人掌握,其他用户无法冒充。

3. 数字信封

数字信封保证只有规定、特定的收信人才能阅读信的内容。在数字信封中,信息发送方采用对称密钥来加密信息,然后将此对称密钥用接收方的公开密钥加密(这部分称为数字信封),之后将它和信息一起发送给接收方,接收方先用相应的私有密钥打开数字信封,得到对称密钥,然后用对称密钥揭开信息。

4. 数字时间戳

在数据交换中,电子文件签署的日期和时间是十分重要的。数字时间戳能对电子文件签署日期时间提供安全保护的有效证明。数字时间戳的签署与书面文件的签署时间与签署人自己写的根本不同,它是由专门的认证机构来加的,并以认证机构收到文件的时间为依据。

5. 数字证书

在信息管理系统的使用过程中,参与各方必须利用认证中心签发的数字证书来证明各自的身份。所谓数字证书,就是用电子手段来证实一个用户的身份及用户对网络资源的访问权限。在信息系统安全管理中,无论数字时间戳还是数字证书的发放,都要靠设立一个可靠的第三方机构,进行有效、快速、规范化地认证服务。CA(Certificate Authority)就是这样的一个机构,CA是承担网上安全电子交易认证服务,能签发数字证书并能确认用户身份的服务机构。CA具有权威性和公正性。

四、访问控制技术

访问控制是通过某种途径显示的允许或者限制主体对客体访问能力及范围的一种方法。它通过限制对资源的访问,防止非法用户的入侵,从而保护系统资源受控地、合法地使用。访问控制策略是访问控制模型的核心,访问控制策略是一组规则,这组规则用于确定主体是否拥有对客体的访问能力。在访问控制模型中一般包括三个要素:主体、客体和权限。

主体(Subject):一个提出访问请求或者要求的实体,是动作的发起者,主体可以是用户或其他具有用户行为的实体,例如进程、程序等。

客体(Object):接收其他实体访问的被动实体。凡是可以被操作的信息、资源、对象都可以认为是客体。

权限(Rights):主体对客体的访问规则集,体现一种授权行为。

在军事信息系统中可使用多种访问控制模型,包括自主访问控制、强制访问控制和基于角色的访问控制等。

1. 自主访问控制

自主访问控制(Discretionary Access Control,DAC),是在确认主体身份以及它们所属组的基础上对访问进行限制的一种方法。所谓自主,是指具有授权某种访问权限的主体,能够自己决定是否将访问控制权限的某个子集授予其他的主体,或从其他主体那里收回其所授权的访问权限。访问控制列表(Access Control List,ACL)是DAC中常用的一种安全机制,系统安全管理员通过维护ACL来控制用户访问有关数据。ACL的优点在于它的表述直观、易于理解,而且比较容易查出对某一特定资源拥有访问权限的用户,有效地实施授权管理。但同时也存在一些缺点,当用户数量多、管理数据量大时,ACL的维护就变得更加困难,系统管理员很难定位一个用户在系统中对各个资源的访问权限。

2. 强制访问控制

强制访问控制(Mandatory Access Control,MAC),是指系统为保证更高程度的安全性,强制主体服从访问控制策略的一种访问方式。系统通过比较主体和客体安全属性,决定主体对客体的操作可行性。MAC重点强调信息只能向高安全级别流动的策略,即当用户的安全级别高于或者等于资源的安全级别时,资源允许被用户读取,当用户的安全级别低于资源的安全级别时,用户被允许在资源中进行写操作。MAC很好地防止信息泄露和扩散，很好地抵御木马程序的攻击。MAC 的缺点主要在于实现工作量大，过重强调保密性，对系统授权可管理性方面设计有缺陷。

3. 基于角色的访问控制

基于角色访问的控制（Role-based Access Control，RBAC）模型，是由美国国家标准化技术委员会在 20 世纪 90 年代提出。RBAC 模型克服了标准矩阵模型中，将访问权限直接分配给主体而引起管理困难的缺陷。所谓角色，就是一个或者一群用户在组织内可执行操作的集合，意味着用户在组织内的责任和职能。在 1996 年，美国 George Mason 大学的 R Sandhu 等人提出了 RBAC96 模型，它系统全面地描述了 RBAC 并得到广泛的认可。RBAC96 模型如图 5-1 所示。

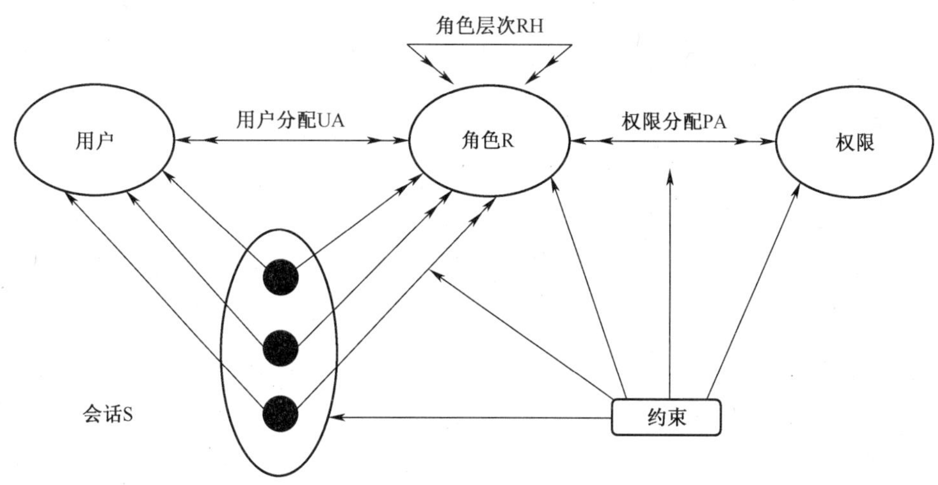

图 5-1　RBAC96 模型

五、容灾备份技术

容灾备份的实现可以采用不同的技术，一种技术是：采用硬件进行远程数据复制，存储工程师称为硬件复制技术。这种技术的提供者是一些存储设备厂商。数据的复制完全通过专用线路实现物理存储设备之间的交换。另一种技术是：采用软件系统实现远程的实时数据复制，并且实现远程的全程高可用体系（远程监控和切换）。

容灾备份的实现，通常是需要集成本地或异地的存储、容灾和备份还原等系统，异地指建立能远程同步的数据中心，通过配置远程容灾备份系统，将本地数据实时进行远程复制或回滚，同时实现本地系统故障时应用系统的远程启动和数据恢复，确保系统的不中断运行。

第三节　军事信息系统安全管理的保障措施

制定和完善针对军事信息系统安全的法规条例和保障措施，通过“有法可依”，进而规范军事信息安全管理的各项工作，是逐步实现军事信息系统安全管理标准化、规范化的必由之路。为确保军事信息系统按标准、依法规进行管理，做到“执法必严”，确保管理制度的落实，在实践中需要拟制具体措施作为保障。

一、健全军事信息系统安全管理组织机构

军事信息系统安全管理组织机构,在国家和军队的最高层,涉及的是宏观管理问题,而对一般的军事信息系统使用单位来说,涉及的是中观或微观的管理问题。大的军事信息系统使用单位可以是一个战区,或者一个军种、一个兵种,管理层次仍然较高,所使用的军事信息系统是覆盖地域广阔、技术和结构复杂的大型网络。而小的军事信息系统使用单位可以仅仅是一个分队级的单位,其所主要使用的军事信息系统和信息网络,可能只是一个小型的局域网系统。

从原理上说,无论使用单位规模大小,信息系统使用单位安全管理机构的建立须遵循下列原则:一是垂直管理,即上级机关需对下一级机关信息系统的安全管理机构,加强安全策略制定和日常工作指导;各级信息系统的安全管理机构,不隶属于同级信息系统的一般管理和业务机构。二是人员配套,信息系统使用单位的安全管理机构一般应由系统管理员、安全管理员、系统分析及安全分析员、软件硬件维修人员、安全警卫人员、安全设备操作员以及系统稽核、人事、通信等有关方面的人员组成。三是规模适度,即安全管理机构的规模与作为管理对象的信息系统的规模相适应,在满足安全需要的前提下力求精简。例如,按职能具有相互监督、相互制约作用的岗位,不能由同一人员兼任;而不具有此类性质、通常又不繁忙的工作,可以考虑由兼职人员担任。四是必须有常设办事机构,以保证完成信息安全的日常事务工作。

信息系统使用单位安全管理机构的职能主要是根据国家和军队的有关法律、法规、制度以及上级有关指示,结合本单位安全需求,负责完成:①建立本单位信息系统的安全策略、安全目标和实施方案,制定、贯彻和落实信息安全有关的计划、规划。②建立和健全本单位信息系统的安全制度、细则和操作规程,并贯彻落实。③确定信息安全各岗位人员的职责和权限,建立岗位责任制,确定人事安排,进行信息系统安全的宣传教育和培训。④确定并实施事故处理准则及方案,进行安全审计跟踪分析和安全检查,及时发现安全隐患和犯罪嫌疑。执行信息安全事件报告制度,定期向上级部门报告本单位信息安全保护管理情况,及时报告重大安全事件。对已查实的重大安全违规、违纪事件进行处理。⑤定期向上级部门全面汇报工作。

二、加强军事信息系统安全管理力量建设

军事信息系统的一切人员都是系统必不可少的有机组成部分。从根本上说,人员是一切管理的核心和动力,是管理的对象,也是参与管理的主体。加强军事信息系统安全管理力量建设,需要重点关注人员的安全管理,军事信息系统人员的安全管理主要包含两方面的内容:①对军事信息系统安全人员的管理;②对军事信息系统安全人员的培训。

1. 军事信息系统安全人员的管理

军事信息系统安全人员是指与军事信息系统安全直接有关的人员,主要包括:安全管理员、系统管理员、安全分析员、办公自动化操作员、安全设备操作员、软硬件维修员以及警卫员等。此类人员直接接触关系军事信息系统安全的各种信息和设施,所以对他们的管理和教育特别重要,应是军事信息系统人员安全管理的重点。

2. 军事信息系统安全人员培训

1）安全人员的经常教育与岗位培训

由于军事信息系统所处安全环境的复杂性，信息领域敌我斗争的尖锐性以及所用科技手段的先进性，决定了必须对安全人员进行持续、有力的思想政治教育，包括：正确的人生观与爱国主义思想教育，安全防护意识和敌情观念教育，军人道德与遵纪守法教育等，以保证安全人员思想上的堤防始终牢不可破。同时还必须根据岗位工作的需要和相关领域科技的最新发展，不断进行有关安全业务知识和技能的在职培训，使其始终具有足以胜任工作的业务能力。

2）信息安全专门人才的培养与队伍建设

军事信息系统的安全保障，有赖于最先进的科学技术。信息作战是双方科技力量的激烈斗争，归根到底，是双方人才的较量。军事信息系统安全人员的战斗力不仅取决于政治思想品质，还取决于业务技术水平，而后一方面的不足更是我军的弱点所在。为此不仅需要加强安全人员的在职培训，更迫切的是要大力培养信息安全的专业人才，特别是高级专业人才，为全军输送信息系统安全运行的骨干力量。国内外的实际情况都证明，没有一批经过高水平教育成长起来的信息安全专家队伍，就难于在全国、全军和单位内形成重视信息安全的氛围，就难于忠实地贯彻信息安全政策，就难于有效地管理和利用信息安全设施，更难于不断地发展信息安全新理论、新技术；从根本上说，就难于充分保障军事信息系统的安全。

3）军事信息系统全体人员的安全管理与教育

以上讨论了对军事信息系统安全人员的管理、教育与培训。至于对军事信息系统一般人员的安全管理，最主要几点：

① 有关安全意识的思想教育。这方面的教育内容与前述对安全人员的思想政治教育基本相同。需要特别注意的是，随着军事信息系统部署和应用的日益广泛，全军不接触军事信息系统的人员已经越来越少，因此必须向全体人员着重强调“信息安全人人有责”。

② 有关安全法规的贯彻执行。从原则上讲，遵纪守法是对一切公民没有例外的要求。在全体人员中真正切实地做到了安全法规的贯彻执行，军事信息系统的安全管理就从制度上落到了实处。

③ 有关信息系统安全知识和技能的教育。这方面知识和技能的缺乏，是我军人员中目前相当普遍和严重的情况。因此这方面的教育与培训也要求有关领导和安全管理人员付出更多的努力，进行更为大量、经常和细致的工作。对于从事军事信息系统一般操作、使用和维护的人员，应定期进行不同具体内容、不同侧重要求的培训。

三、建立立体综合的安全管理体系结构

体系结构提供从总体上理解和管理复杂事物或系统的一种机制，因为对任何一个复杂事物或实际系统的分析和研究，首先涉及的研究内容是其体系结构，要搞清楚的是该系统在整个生命过程和领域中的地位、作用与其他外部系统的关系，以及该系统内部的结构和各组成部分的关系等顶层总体的内容。军事信息系统其安全问题涉及面广、要素复杂，不确定因素多。军事信息系统需要一套安全体系结构作为指导开展建设。有了正确、恰

当的安全系统结构，正如建筑有了坚实的框架，使系统安全工程有了牢固的根基。

信息系统环境中的风险点和威胁点往往不是单一的，具有多面性；再者，信息安全保障体系应该是随着信息技术的不断发展而发展变化的，具有动态性，因此必须对整个网络安全防护性能给出科学、准确的分析评估，建立一个“安全评估、预警、保护、检测、反应、恢复、反击”的一个循环链。根据评估系统的脆弱性和当前的信息攻击趋势，预测可能受到的攻击和危害，采取有效的保护措施；利用脆弱性扫描、入侵检测、恶意代码过滤等技术，对信息网络做出实时检测；在发现入侵行为后，做出及时准确的响应和处理；恢复是防范体系的又一个环节，无论防范多严密，都很难确保万无一失，使用完善的备份机制确保内容的可恢复，借助自动恢复系统、快速恢复系统来控制和修复破坏，将损失降至最低。以上各环节互为补充，构成一个有机整体，才能形成较完善的网络与信息安全体系。

本章小结

无论在和平时期还是在战时状态，军事信息系统都是敌对双方进行信息和物理攻击的重点对象，而在未来高技术条件下战争中，承载军事信息系统的信息网络将是夺取战场“制信息权”的焦点，是达成敌方“战略性瘫痪”的关键。同时，由于信息网络面临的威胁来自各个角落，并呈现多样性的形式，敌对双方都将以多种手段来威胁军事信息系统的安全。而保证信息的保密性、真实性、完整性、可用性、不可否认性，需要防火墙、数据加密、安全认证、访问控制和容灾备份等关键技术作为支撑。同时在制度层面，国家和军队要及时制定和完善军事信息系统安全法规、条令条例等，确保安全管理的落实，保证军事信息安全。

作业题

一、填空题

1. 军事信息系统安全管理对象分别是________、________、________、________和________。

2. 威胁到军事信息系统安全主要有以下几个手段________、________、________、________和________。

3. 所谓________是采用数学方法对原始信息进行再组织，使其以密文方式进行传输和存储的技术。

二、简答题

1. 简述军事信息系统的主要安全威胁。
2. 简述军事信息系统安全的基本要素。
3. 简述 VPN 的作用。
4. 简述数据加密技术的作用。
5. 简述安全认证技术的作用和主要的技术方法。
6. 简述访问控制的作用和要素。
7. 简述容灾备份系统的主要技术。

第六章　军事信息系统标准化管理

标准化是军事信息系统建设中一项重要的基础工作，对保证军事信息系统的技术水平、质量水平和系统效益的发挥等都具有重大意义。本章主要介绍了标准化理论，阐述了军事信息系统标准化管理基本内容，最后介绍了军事信息系统标准化管理的主要方法。

第一节　标准化理论

要组织现代化生产、实现科学管理，离不开标准化。为确保军事信息系统建设与运用的高度协调统一，除采取必要的行政措施外，运用标准化手段，以各种标准、规范为纽带，把各方面的活动有机地联系和组织起来，往往会起到行政手段难以获得的效果。因此，必须把标准化作为组织军事信息系统建设与运用的重要手段，贯穿系统建设与应用的全过程，并通过不断实践，建立起一套切实可行的标准化工作的方法和管理机制，以确保军事信息系统建设与运用的健康、顺利发展。

一、标准化的基本概念

标准是对重复性事物和概念所做的统一规定，它以科学、技术和实践经验的综合成果为基础，经有关方面协商一致，由主管机构批准，以特定形式发布，作为共同遵守的准则和依据。

标准化是指在经济、技术科学及管理等社会实践中，对重复性事物和概念通过制定、发布和实施标准，达到统一，以获得最佳秩序和社会效益的活动。它包括制定、发布及实施标准的过程。

制定标准是指标准制定部门对需要制定标准的项目，编制计划，组织草拟、审批、编号、发布的活动。它是标准化工作任务之一，也是标准化活动的起点。

标准的实施是指有组织、有计划、有措施地贯彻执行标准的活动，是标准制定部门、使用部门或企业将标准规定的内容贯彻到生产、流通、使用等领域中去的过程。它是标准化工作的任务之一，也是标准化工作的目的。

二、军用标准化

军用标准是对国防科学技术和军事技术装备发展等有重大意义而必须在科研、生产、使用和管理的范围内统一的标准。

军用标准化是国家标准化的重要组成部分，是国防现代化建设的一项综合性技术基础工作，对促进国防科技进步，加强军事技术装备发展，增强部队战斗力，具有重要的战略意义。

军用标准化的基本任务：根据国家标准化的有关方针、政策，结合我军的实际情况，结合武器、装备和军事技术的发展需要，组织制定军用标准，贯彻实施军用标准并对军用标准的实施情况进行监督。军用标准化应当认真贯彻“质量第一”的方针，坚持科研、生产、使用相结合的原则，坚持结合我国国情、军情，认真研究、区别对待，积极采用国际标准和国外先进标准的原则。

1. 军用标准化应坚持以军事技术装备的现代化需求为依据

现代军事技术装备的发展趋势，是高技术条件下高度的机械化、自动化和电子化，要求准确、快速、长寿命、高可靠性。军用标准化紧密结合军事技术装备的这些要求，把先进性、实用性、经济性结合起来。

为贯彻这一指导思想，第一，牢固树立为国防现代化服务的思想。军用标准化的目的，就是要不断促进军事技术装备的发展，同时也促进国防科学技术的进步和国防科技工业的现代化。第二，在认识上，不管是使用部门还是研制生产部门，有一个不断追求先进和不断进行改革的思想，不保守，不固步自封，不迁就落后。在服从经济建设大局的前提下，着眼于未来战争的要求，逐步一代一代发展军事技术装备。军用标准化要适应这一形势，着重在打基础、上水平方面下功夫。第三，坚持实事求是的精神。把先进性、实用性和经济性结合起来，用全面的辩证的观点认识和处理问题。从我国的实际出发，不但要求技术先进，而且要注重实用效果，制定出的标准是经过努力能达到和行得通的。

2. 军用标准化应坚持科研、生产、使用相结合

标准化渗透到科研、生产、使用各方面，技术标准是科学实践、生产实践和使用实践的科学总结。因此，制定标准要坚持科研、生产、使用相结合，合理分工，大力协同。

标准化的实质是经过协调以实现最佳的统一。标准化活动是“为了所有的有关方面利益”在“所有有关方面的协作下”进行有秩序的特定活动。所有的有关方面的不同利益是存在的，要解决各方利益问题，需要通过协商和互相协作的手段。为了更好地坚持三结合，推动军用标准化的开展，必须：第一，养成从全局出发，大力协同、协商办事的良好风气，大家都应有搞好共同事业的强烈愿望。第二，对待技术问题要发扬民主，尊重科学，实事求是，凭数据说话，以理服人。

3. 军用标准化应积极采用国际标准和国外先进标准

积极采用国际标准和国外先进标准是我国一项重要的技术经济政策。采用国际标准和国外先进标准可以提高军事技术装备质量和推动技术进步，要按照“认真研究，区别对待，积极采用”的原则。有关的国际标准和国外先进标准，凡是对提高我国军事技术装备的质量和性能有利，对提高我国的工艺技术水平有利，而且又有可能做到的，都可积极采用；凡是符合我国的技术政策和发展方向，但目前的技术水平和基础还不能达到的，都应积极创造条件，有步骤地采用；凡不适应我国国情的，都不应照抄照搬。

4. 军用标准化应坚持军民通用

在保证武器装备性能和质量可靠的前提下，对国家通用基础标准和原材料、配套产品的标准，凡是满足军用要求的，可尽可能采用，做到“军民结合、军民通用”。

三、标准化原理

标准化原理是指人们在标准化实践活动中总结出的标准化活动的内在规律。运用这些规律来指导标准化工作,对于开展标准化工作、发展标准化事业具有重要意义。现阶段标准化的基本原理,通常包含统一原理、简化原理、协调原理和最优化原理四个方面,这些原理具有不同的特性。

1. 统一原理

统一原理,是事物相关的统一性,制定适合一定时期和一定条件的规范,用来维护事物发展所必须的秩序,有助于事物的形成,保护功能或其他特性一致,同时,这种一致规范要与被其取代的对象在功能上是等效的。

该原理包含以下几个要点:

(1) 统一是为了用一致规范约束和管理同一组对象的,是为了保证事物所必须的秩序和效率。

(2) 功能等效是统一的原则,也就是从一组对象中提取的一致规范,必须包含被取代对象所具备的必要功能。

(3) 统一具有相对性,确定的一致规范,只适用于一定时期和一定条件,随着时间的推移和条件的变化,新的统一将代替旧的统一。

2. 简化原理

简化原理,是去除非必要条件,经济有效地确保经济有效地满足需要,从结构、形式、规格或其他性能等方面对标准化对象进行筛选提炼,将其中多余的、低效能的、可替换的环节全部剔除,将满足全面需要所必要的高效能的环节精炼出来,保持整体构成精简合理,提高功能效率。

该原理包括以下几个要点:

(1) 简化是从经济效益出发,目的是为了更经济、更有效地满足系统需要。

(2) 简化的原则是从全面满足需要出发,保持整体构成精简合理,让功能效率最高。这里功能效率是指功能满足全面需要的能力。

(3) 简化的基本方法是对处于自然状态的对象进行科学的筛选提炼,剔除其中多余的、低效能的、可替换的环节,精炼出高效能的、能满足全面需要所必要的环节。

(4) 简化的实质不是简单化而是精炼化,其结果不是以少替多,而是以少胜多,体现在质量上。

3. 协调原理

协调原理,是通过合适方式协调好各相关因素之间的关系,目的是使标准的整体功能达到最佳,并产生实际效果,建立和保持相互一致、适应或平衡的关系,确保各方协调。

该原理包含以下几个要点:

(1) 协调的目的在于使标准系统的整体功能达到最佳并产生实际效果。

(2) 协调对象是系统内相关因素的关系以及系统与外部相关因素的关系。

(3) 确立条件是相关因素之间建立相互一致关系、相互适应关系、相互平衡关系的前提。

(4) 协调的有效方式有:有关各方面的协商一致,多因素的综合效果最优化,多因素矛盾的综合平衡等。

4. 最优化原理

最优化原理是按照特定的目标,在一定的限制条件下,对标准系统的构成因素及其关系进行选择、设计或调整,使之达到最理想效果的标准化原理。

最优化原理是从系统学的基本理论导出的,其主要内容是:系统优化是以整个系统的输出功能和效果达到优化为目标的优化。系统功能的优化取决于系统结构的优化。在仿真系统中,无论是系统功能的优化还是系统结构的优化,其目的都是为了使仿真系统更好地满足实际的需求,达到预期的效果和目的。

第二节 军事信息系统标准化管理基本内容

军事信息系统标准化管理概括起来主要包括:对标准的管理、标准化审查以及对工程建设中的标准化管理等三个方面的内容。

一、对标准的管理

对标准的管理包括对标准规划、计划的管理,对标准制定、修订、审批、颁布、贯彻、实施和实施过程中的监督检查,以及对标准化理论、技术的研究等。这是标准化管理工作的主要内容之一。

二、标准化审查

标准化审查是标准化管理的一项重要工作,它主要指对新产品研制和技术引进与设备进口的标准化审查。这是国家的一项重要技术经济政策,其目的在于确保研制的新产品和引进的技术、设备符合国家有关的技术经济政策和现行的标准体系,确保新产品及引进的技术、设备的技术水平和质量水平。这对于军事信息系统是非常重要的,国家对新产品的标准化审查和对技术引进与设备进口的标准化审查有明文规定,必须严格按有关规定执行。

三、工程建设中的标准化管理

工程建设各阶段的标准化管理,是军事信息系统标准化工作的重点,它直接关系到工程建设的质量水平和技术水平。搞好工程建设中的标准管理工作,是为了促进标准化与工程建设相结合,充分发挥标准化在工程建设过程中的指导和保障作用,保证军事信息系统的战术技术性能和质量,缩短研制周期,减少建设费用,提高军事效益和经济效益。因此,它也是军事信息系统工程建设的组成部分,应贯穿于工程建设的各个阶段,渗透于技术、管理的各个方面。

军事信息系统研制一般分为系统规划和分析、系统设计、系统研制实施、系统运行和系统使用维护五个阶段。根据各个阶段的工作特点,其标准化工作的基本任务和工作内容应各有侧重。

1. 系统规划和分析阶段的标准化工作

这一阶段的标准化工作的主要内容是:密切联系实际,积极进行系统规划和分析活动,明确贯彻标准化的原理、范围和要求,及时指导和监督各项标准的贯彻执行,确保规划和分析工作本身的规范化、程序化。同时，根据实际要求提出合理的标准化要求，为研制全过程正确贯彻执行标准，提高系统的标准化程度打下基础。

2. 系统设计阶段的标准化工作

这一阶段的标准化工作是：制定系统研制标准化大纲，全面规划系统研制中需要制订的标准项目，具体组织落实通用化、系列化、组合化任务，做好贯彻标准的技术准备和物质准备，根据研制程序的进度要求，制定各阶段标准化工作计划，并提出系统研制中有待解决的标准化问题和建议，组织标准化工作队伍，建立有关规章制度。

3. 系统研制实施阶段的标准化工作

这一阶段的标准化任务是：研制部门根据系统任务中提出的“标准化综合要求”或“标准化大纲”，进行任务分解。各系统、分系统、设备研制单位都按照“任务书”中的标准化要求，提出本单位研制任务的“标准化大纲”、采用的标准目录、需要制订的标准项目等，并按有关的标准化要求开展通用化、系列化工作。在整个研制过程中认真贯彻有关标准和标准化要求，组织标准的制订和贯彻执行，进行标准化审查和其他评审。

4. 系统运行阶段的标准化工作

这一阶段的标准化工作任务是：编写运行大纲，确定运行条件、设备和方法，对提交运行的系统、设备和各种技术文件进行标准化审查，在运行过程中验证各种标准，在制订各级标准积累资料和数据，编写运行标准化审查报告，并提出对系统的一些建议和意见。

5. 系统使用维护阶段的标准化工作

这一阶段的标准化工作任务是：编写系统使用和维护大纲，在维护过程中进一步对前几阶段制定的各种标准进行验证，同时解决研制、使用过程中遗留的标准化问题。该过程是不断完善标准化工作的过程，除了要检查标准化工作本身及各种设备和技术文件是否符合标准化要求外，还要解决研制过程中遗留的各类标准化问题。

第三节　军事信息系统标准化管理的主要方法

标准化作为一门科学有其自身的特点、规律和方法。但是，在军事信息系统建设中，标准化是作为一种使工程建设高速度、高质量、高效益的手段而存在的。因此，必须根据军事信息系统建设的特点和规律，采取相适应的标准化管理方法。

一、超前标准化管理

标准化的立法功能和对产品研制的指导作用，要求标准化必须走在产品研制的前面。军事信息系统建设是现代高技术的综合集成，在工程建设中更应该通过标准化手段来组织各方面力量，协调解决有关问题，确保工程建设工作有条不紊地进行。因此要求标准化工作必须走在工程建设的前面。标准先行既有利于发挥标准化对工程建设的指导作用，也有利于标准化为工程建设服务，并与工程建设相结合。否则，就会造成不必要的重复、浪费和不协调，导致工程建设的被动。

军事信息系统建设的超前标准化，是从工程建设一开始（系统总体论证时开始），就明确标准化要求，在优选压缩的基础上，提出一整套包括各种设备或功能部件在内的各类标准的贯彻范围，安排工程建设中关系到通用性、系列性、组合性、可靠性、安全保密性等的标准化关键课题的研究和标准项目的制定，提前做好贯彻各项标准的准备工作，解决预测中的其他标准化问题。

二、全面标准化管理

军事信息系统建设是一项系统工程，涉及到总体论证、方案设计、全面研制、试验或试运行、鉴定或验收、部队使用维护等环节。在系统建设中，每个环节都存在着大量重复的物质流和信息流，有着许多管理、技术和使用问题需要协调解决，因此处处需要标准化。全面的标准化管理是使标准化工作在系统建设的各个环节中发挥作用。在具体实施全面标准化管理时，应注意以下几点：

（1）全面标准化管理要突出重点，要着重抓好对系统全局建设有较大影响、能带动全面工作的重要环节。

（2）在系统研制前，对新系统要有明确的标准化要求；在系统研制中要把执行和实现标准化要求作为系统建设的指导思想和必须完成的任务；在系统研制的各个评审点，要把它作为衡量系统质量高低和系统功能能否完成、性能指标是否达到的重要标志。

（3）做好系统建设中的立法工作，努力实现系统研制工作的程序化、规范化、制度化，使各项工作的开展，每一个技术指标和参数的确定，每一个分系统、设备、功能模块或元器件的选择等，都要做到有章可循、有据可依。

（4）抓好系统（或设备）的规范化、通用化、系列化。凡有重复使用价值的设备及功能部件，均应制订相应标准，提供系统研制使用，以提高系统研制的标准化程度，避免不必要的重复和浪费。

（5）严格系统研制工作的技术责任制，做好系统建设各阶段必备文档的标准化审查。凡不符合标准化要求和有关规定的文档，要坚持不能验收、不能存档。

三、全过程标准化管理

为使标准化在系统建设中自始至终地发挥作用，必须实现全过程标准化管理，即从系统建设一开始直至建成后投入使用的全过程，都要有明确的标准化要求及其考核措施，使标准化自始至终地指导系统的建设和运用工作；同时，要根据系统建设和运用各阶段的任务，拟定标准化工作的具体内容，使标准化自始至终为系统管理服务。

四、综合标准化管理

综合标准化也叫“全面标准化”或“整体标准化”。它是随着现代发展而出现的一种先进的标准化管理方法。是指在进行标准化时，依据系统工程的原理和方法，针对不同的标准化对象，综合所涉及的所有相关要素，制定一整套相互协调的标准，以保证标准化对象达到最佳的技术水平和质量水平，求得最大的综合效益。

综合标准化是运用系统工程的原理和方法进行标准化工作的，因此具有目标性、系统性、协调性、整体最佳性等特性。

综合标准化的工作内容包括确定给定标准化对象、制订标准体系表、确定综合标准化目标、编制标准综合体、编制规划和计划以及制订并贯彻标准。

本章小结

标准化是军事信息系统建设中一项重要的基础工作，对保证军事信息系统的技术水平、质量水平和系统效益的发挥等都具有重大意义。本章概述了标准化、军用标准化的基本概念以及标准化原理，阐述了军事信息系统标准化管理的基本内容即对标准的管理、标准化审查以及工程建设中的标准化管理，阐述了军事信息系统标准化管理的主要方法。

作业题

一、填空题

1. 标准化包括________、________及________标准的过程。

2. 军用标准化应当认真贯彻“________”的方针，坚持________、________、________相结合的原则，坚持结合我国________、________，认真研究、区别对待，积极采用国际标准和国外先进标准的原则。

3. 军用标准化紧密结合军事技术装备的这些要求，把________、________、________结合起来。

4. 在保证武器装备性能和质量可靠的前提下，对国家通用基础标准和原材料、配套产品的标准，凡是满足军用要求的，可尽可能采用，做到“________、________”。

二、单项选择题

1. 标准化过程不包括(　　)。

A. 制定标准　　B. 发布标准　　C. 实施标准　　D. 检查标准

2. 标准化活动的起点是(　　)。

A. 制订标准　　B. 发布标准　　C. 检查标准　　D. 实施标准

3. 不属于综合标准化的特性有(　　)。

A. 目标性　　B. 系统性　　C. 协调性　　D. 完整性

三、简答题

1. 标准化是什么?

2. 军用标准化的原则?

3. 对标准的管理包括哪些内容?

4. 为什么要在军事信息系统管理中开展标准化管理?

第七章　军事信息系统信息采集与数据运用

军事信息系统数据来源虽然种类繁多,但还是有一定规律的,按照采集内容来分,可以分为文本采集、图像采集和音/视频采集。同时采集处理后,军事信息系统需要对其结果数据进行多样的数据运用,常见的运用方式有联机分析处理、数据仓库、数据可视化、图表生成及报表自动化。本章从信息采集来源讲起,引申到数据运用的具体方法。

第一节　军事信息系统信息采集与处理

作为信息社会的主导因素,信息在当今社会备受关注。信息时代,人们每时每刻可以从各种媒体获得、处理和利用信息,信息广泛影响着人们的日常生活和各种活动。那么,信息究竟是什么?对于这个问题至今却没有一个统一的答案。目前,从不同科学门类的角度对信息的定义已有数百种之多,各有特点和局限性,没有一个被普遍接受。信息概念是理论界关注的焦点之一,也是争议最多、最具基础性和挑战性的核心概念之一。

一、军事信息系统信息采集与处理内容

1. 信息采集内容

(1) 文本信息采集。把文字信息、数值信息、符号信息等数据用二进制编码表示。

(2) 图像信息采集。用多类型的输入设备捕捉实际的画面产生的数字图像数据。

(3) 音频信息采集。音频信息指的是自然界中各种音源发出的可闻声和由计算机通过专门设备合成的语音或音乐等数据,分为语音、音乐和效果声三类。对音频信息的采集主要包括硬件采集方式和软件采集方式两种。主要的音频信息采集工具有录音笔、话筒、音频采集卡以及各种音轨抓取工具等。

(4) 视频信息采集。视频信息指的是活动或连续的图像信息,它由一系列连续呈现的图像画面组成,每幅画面成为一帧,帧是构成视频信息的基本单元。对视频信息的采集主要包括硬件采集方式和软件采集方式两种。主要的视频信息采集工具有摄像头、数码摄像机、视频采集卡以及各种视频抓取软件等。

2. 信息处理内容

信息处理是对数据(包括数值的和非数值的)进行分析和加工的技术过程,包括对各种原始数据的分析、整理、计算、编辑等的加工和处理。

计算机信息处理主要包括 8 个方面。

(1) 信息采集:又称信息获取,指利用某种硬件装置或者软件手段,从系统外部采集数据并输入到系统内部的过程。

(2) 信息转换:信息从一种系统转移到另一种系统的时候,需要将信息转换成该系统能够识别的格式,将信息从一种表示形式变为另一种表现形式的过程。

(3) 信息分组:根据统计研究的需要,将原始数据按照某种标准化分成不同的组别的过程,其主要目的是观察数据的分布特征。

(4) 信息组织:按照一定的方式和规则对信息进行归并、存储以及处理的过程。

(5) 信息计算:进行各种算术和逻辑运算,以便得到进一步的信息。

(6) 信息存储:信息流在加工过程中产生的临时文件或加工过程中需要查找的信息以某种格式记录在计算机内部或外部存储介质上。

(7) 信息检索:将经过选择、整理和评价(鉴定)的信息存入某种载体中,并根据用户需要从某种信息集合中检索出能回答问题的准确信息过程或技术。

(8) 信息排序:按一定规则对信息进行整理、排列,为信息的进一步处理作好准备。

二、军事信息系统信息采集与处理方法

1. 硬件方式

1) 传感器

传感器是一种检测装置,能感受到被测量的信息,并能将检测感受到的信息,按一定规律变换成为电信号或其他所需形式的信息输出,以满足信息的传输、处理、存储、显示、记录和控制等要求。可以通过不同类型的传感器采集到不同类型的信息。

2) 数码相机

数码相机,是一种利用电子传感器把光学影像转换成电子信息的照相机。通过数码相机可以采集到图像信息。

3) 数码摄像机

数码摄像机就是DV(Digital Video),直译成为“数字视频”,它是由索尼、松下、胜利、夏普、东芝和佳能等多家著名家电巨擘联合制定的一种数码视频格式。然而,在绝大多数场合DV则是代表“数码摄像机”。通过数码摄像机可以采集到图像信息和视频信息。

4) 手写输入设备

手写输入设备,是采用了手写识别技术,可以将在手写设备上书写时产生的有序轨迹信息化转化为汉字内码,能够使用户按照最自然、最方便的输入方式进行文字输入的数码设备。通过手写输入设备可以采集到文本信息。

5) 扫描仪

扫描仪是一种计算机外部仪器设备,通过捕获图像并将其转换成计算机可以显示、编辑、存储和输出的数字化输入设备。通过扫描仪可以采集到图像信息,结合OCR技术还能够采集到文本信息。

6) 键盘

键盘是最常见的计算机输入设备,它广泛应用于微型计算机和各种终端设备上,计算机操作者通过键盘向计算机输入各种指令、数据,指挥计算机的工作。计算机的运行情况输出到显示器,操作者可以很方便地利用键盘和显示器与计算机对话,对程序进行修改、编辑,控制和观察计算机的运行。主要通过键盘来采集文本信息。

7) 采集卡

采集卡主要是捕获外界光电、视频、音频等模拟信号,将其数字化并导入计算机进行数字处理的捕获设备,主要有图像采集卡、视频采集卡、音频采集卡(比如声卡)、数据采

集卡等。可以通过不同类型的采集卡来采集不同类型的信息，如图像信息、音频信息或者视频信息。

8）语音输入设备

语音输入设备是指用于捕捉语音并输入到计算机中进行数字化处理的输入设备，如麦克风、录音笔等。可以通过语音输入设备采集到音频信息。

2. 软件方式

1）OCR 识别软件

OCR 识别是指电子设备（例如扫描仪或数码相机等）检查纸上打印的字符，然后用字符识别方法将形状翻译成计算机文字的过程；即，对文本资料进行扫描，然后对图像文件进行分析处理，获取文字及版面信息的过程。而 OCR 识别软件是指完成 OCR 识别过程的软件。与相应的硬件采集设备配合，OCR 识别软件可以采集到文本信息。

2）语音识别软件

语音识别，也称为自动语音识别，其目标是将人类的语音中的词汇内容转换为计算机可读的输入，例如按键、二进制编码或者字符序列。而完成语音识别目标的软件就是语音识别软件。与相应的音频采集卡配合，语音识别软件可以采集到音频信息。

3）抓图软件

计算机屏幕是由像素组成的，一个个像素拼在一起就构成了屏幕上的图案。抓图操作，就是把屏幕上的所有像素信息转化为一幅位图，而抓图软件就是用来实现抓图操作的。可以通过抓图软件来采集图像信息。

4）视频抓取软件

视频抓取软件，是指按照时间顺序，将一段时间内计算机屏幕上的图像帧序列抓取为视频的软件。可以通过视频抓取软件来采集视频信息。

三、军事信息系统信息采集与处理基本流程

信息处理技术特点是以计算机为主要工具，常表现为对信息载体数据的处理。其数据来源不仅是数值化的数据，而且还包括文字、图像、语音等非数值化数据。因此，信息处理一般分为三个阶段。

第一阶段是信息输入，即通过各种输入和转换设备，把获取的数据，转换成计算机能识别处理的形式，为下一步的信息、加工处理作好准备。主要内容包括：数据采集，如使用模板采集所需的各种信息；数据转换，即把所需的信息转换成计算机能处理的代码形式。

第二阶段是信息处理，即根据各种不同的要求，调用预先设计好的计算机程序，对输入的数据进行加工处理提取所需信息。这种处理内容主要包括：数据分组即指定编码，按有关的信息进行有效分组；数据排序即把数据按一定要求排成次序；数据组织即整理数据或用某些方法安排数据，以便进行处理；数据计算即对有关的数据进行各种算术和逻辑的运算，以便得到进一步的信息，如制定行动计划，物资分配，情况判断等；数据存储即将原始数据或运算结果保存起来，供随时调用；数据检索即按用户要求及时找出用户所需的信息。这些处理可以在硬设备支持下，借助于计算机系统软件、文件系统、数据库管理系统

等来完成,并常用到信息论、概率论、运筹学、建模技术、仿真技术、程序设计、模式识别、人工智能等有关理论和技术。

第三阶段是信息输出,即把所需的处理结果,送给输出设备,供相关人员作决策使用;或直接送给执行系统,控制执行系统完成预定的动作。由于需要输出的信息性质及应用目的不同,因而采用的输出技术也不相同。主要有:显示输出,如各种形式的屏幕显示(如 CRT 显示、等离子、液晶显示等)、仪表指示、灯光闪烁和文字输出等;记录输出,如打印、绘图、摄影和磁性记录等;控制命令输出,如用于直接控制系统的信号等。

第二节 军事信息系统信息采集具体内容

网络信息采集,是指将互联网上通过 web 途径公开的资源采集复制到本地的工具软件。军事信息系统数据来源虽然种类繁多,按照采集内容来分,可以分为文本信息采集、图像信息采集和音频及视频信息采集。

一、文本信息采集

1. 文本信息采集的概念及特点

1) 文本信息采集概念

文本信息指的是用二进制编码表示的文字信息、数值信息、符号信息等数据。对文本信息的采集主要包括文本编码采集、文本结构输入、文本语音采集、文本光学成像采集等。主要的文本信息采集工具有键盘、手写设备、语音输入设备、扫描仪等。

2) 文本信息采集特点

文本作为重要的基本素材而被广泛应用,它具有信息表达清楚、计算机处理方便、存储容易、传输快捷等优势。具体如下:

(1) 编码形式简单。

在计算机中,西文字符最常用的编码是 ASCII 码,即美国信息交换标准代码(American Standard Code For Information Interchange)。它用 7 位二进制数进行编码,可以表示 2^7 即 128 个字符,其中包括数字字符 0~9、大小写英文字符、运算符号、标点符号、标识符号和一些控制符号。这些字符种类大致能够满足各种计算机语言、西方文字、常见命令的需要。一个 ASCII 码字符在内存中占一个字节。

汉字字符在计算机中也是以编码形式处理的,汉字输入用输入编码,汉字存储用机内码,汉字输出用字型码。在计算机中存储时,一个汉字占 2 个字节。

(2) 易于获取,存储、处理和传输容易。

多媒体计算机系统中,文本资料可以用多种方式获取,可采用多种输入编码录入,还可以用光电技术或语音识别技术输入。如果用键盘输入文字,对于一个熟练的文字录入员来说,每分钟可以输入上百个汉字,用光电扫描和语音识别录入,其录入和处理速度更加快捷。

西文字符和汉字在计算机中都是以一个或两个字节的二进制编码表示,占用的空间很小,处理和存储都非常方便,所生成的文本格式文件也很小,一篇十万字的纯中文文本仅占 200KB 左右的空间,移动和传输都很容易。

(3) 在多媒体作品中的表现形式丰富。

为了使文字在多媒体作品中更加美观生动,常将作品中的文字处理成多姿多彩的艺术形式。各种文字处理软件都具有较强的处理功能,能将文本设置成多种多样的形式,通过对文本字体、字号、颜色、字形(如:加粗、斜体、底纹、下画线、方框、上标、下标等)、字间距、对齐等设置,使文本在多媒体作品中变得丰富多彩。

(4) 可以配合其他媒体的应用而提高作品表现力。

文本具有其他媒体不可替代的重要作用,它除了自身所能完成的表述功能外,还可以配合其他媒体,共同完成对事件的描述,提高多媒体作品的表现能力。它可以为图片添加说明、为视频添加字幕、为声音解说配上文字注释。

(5) 建立超文本链接功能。

在多媒体应用系统中,可用文本设置超链接。通过超文本建立的链接关系,实现程序的交互跳转,从而突破传统文本信息表示的线性和顺序结构,建立真正的多种媒体逻辑连接。例如:在多媒体作品中,文章的标题、导航菜单、按钮中的文本都可以建立对应的超链接,用户可通过单击超链接选择自己需要的信息,这样可满足一些教学软件联想式学习的需要及一些多媒体软件交互式操作的需要。

2. 图像信息采集的概念及特点

1) 图像信息采集

图像信息指的是由扫描仪、摄像机等输入设备捕捉实际的画面产生的数字图像数据。对图像信息的采集主要包括硬件采集方式和软件采集方式两种。主要的图像信息采集工具有数码相机、数码摄像机、扫描仪以及各种图像抓取软件等。

2) 图像信息采集特点

(1) 信息量很大。

例如一帧电视图像取 512×512 像素组成,如其灰度级用 8 比特的二进位制表示,则有 256 个灰度级,那么一帧图像的信息量为 512×512×8,即 2097152bit。对这样大信息量的图像进行处理,只有计算机才能胜任,而且计算机的内存要大。

(2) 数字图像占用的频带较宽。

与语音信息相比,数字图像占用的频带要大几个数量级。如电视图像的带宽为 5MHz~6MHz,而语音带宽仅为 4kHz 左右。频带愈宽,技术实现的难度就越大,成本也高,这就对频带压缩技术提出了较高的要求。

(3) 数字图像中各个像素相关性很大。

例如,在电视画面中,同一行中相邻两个像素或相邻两行间的像素,其相关系数可达 0.9,而相邻两帧之间的相关性比帧内相关性还要大一些。因此图像信息压缩的潜力很大。

(4) 处理后的数字图像是需要给人观察和评价的,受人为的因素影响较大。

由于人的视觉系统很复杂,受环境条件、视觉性能、人的主观意识的影响很大,因此要求系统与人的良好配合,这还是一个很大的研究课题。

3. 文本及图像信息采集与处理方法

1）调查法

调查方法一般分为普查和抽样调查两大类。普查是调查有限总体中每个个体的有关指标值。抽样调查是按照一定的科学原理和方法，从事物的总体中抽取部分称为样本（Sample）的个体进行调查，用所得到的调查数据推断总体。抽样调查是较常用的调查方法，也是统计学研究的主要内容。

抽样调查的关键是样本抽样方法、样本量大小的确定等。样本抽样方法，又称抽样组织的方式，决定样本集合的选择方式，直接影响信息收集的质量。抽样方法一般分为非随机抽样、随机抽样和综合抽样。

对于个体的调查，若是涉及人，则主要采用两种调查方式：访问调查法和问卷调查法。

访问调查法，又称为采访法，是通过访问信息收集对象，与之直接交谈而获得有关信息的方法。它又分为座谈采访、会议采访以及电话采访和信函采访等方式。采访需要作好充分准备，认真选择调查对象，了解调查对象，收集有关业务资料和相关的背景资料。其主要优点是可以就问题进行深入讨论，获得高质量的信息；缺点是费用高，采访对象不可能很多，因此受访问者要具有代表性。它对采访者的语言交际素质要求较高。

2）问卷调查法

是一种包含统计调查和定量分析的信息收集方法。这种方法主要考虑的问题是：所收集信息的内容范围和数量，所选定的调查对象的代表性和数量，问卷的精心设计，问卷的回收率控制等。具有调查面广、费用低的特点，但对调查对象无法控制，问卷回收率一般不高，回答的质量较差，受访者的态度具有决定性影响。

3）观察法

观察法是通过开会、深入现场、参加生产和经营、实地采样、进行现场观察并准确记录（包括测绘、录音、录相、拍照、笔录等）调研情况。主要包括两个方面：一是对人的行为的观察，二是对客观事物的观察。观察法应用很广泛，常和询问法、搜集实物结合使用，以提高所收集信息的可靠性。

4）实验方法

实验方法能通过实验过程获取其他手段难以获得的信息或结论。实验者通过主动控制实验条件，包括对参与者类型的恰当限定、对信息产生条件的恰当限定和对信息产生过程的合理设计，可以获得在真实状况下用调查法或观察法无法获得的某些重要的、能客观反映事物运动表征的有效信息，还可以在一定程度上直接观察研究某些参量之间的相互关系，有利于对事物本质的研究。

实验方法也有多种形式，如实验室实验、现场实验、计算机模拟实验、计算机网络环境下人机结合实验等。现代管理科学中新兴的管理实验，现代经济学中正在形成的实验经济学中的经济实验，实质上就是通过实验获取与管理或经济相关的信息。

5）文献检索

文献检索是从浩繁的文献中检索出所需的信息的过程。文献检索分为手工检索和计算机检索。

手工检索主要是通过信息服务部门收集和建立的文献目录、索引、文摘、参考指南和文献综述等来查找有关的文献信息。计算机文献检索，是文献检索的计算机实现，其特点是检索速度快、信息量大，是当前收集文献信息的主要方法。

文献检索过程一般包括三个阶段：①分析研究课题和制定检索策略；②利用检索工具查找文献线索；③根据文献出处索取原始文献。

文献根据加工深度的不同可分为四个级别：零次文献、一次文献、二次文献和三次文献。所获取的相应信息分别是零次信息、一次信息、二次信息和三次信息。

6）网络信息搜集

网络信息是指通过计算机网络发布、传递和存储的各种信息。搜集网络信息的最终目标是给广大用户提供网络信息资源服务，整个过程经过网络信息搜索、整合、保存和服务四个步骤。

网络信息搜索是基于网络信息收集系统自动完成的。网络信息搜索系统首先按照用户指定的信息需求或主题，调用各种搜索引擎进行网页搜索和数据挖掘，将搜索的信息经过滤等处理过程剔除无关信息，从而完成网络信息资源的“收集”；然后通过计算机自动搜索、重排等处理过程，剔除重复信息，再根据不同类别或主题自动进行信息的分类，从而完成网络信息的“整合”；分类整合后的网络信息采用元数据方案进行索引编目，并采用数据压缩及数据传输技术实现本地化的海量数据存储，从而完成网络信息的“保存”，当然要通过网络及时更新；经过索引编目组织的网络信息正式发布后，即可通过检索为读者提供网络信息资源的“服务”。

4. 文本及图像信息采集与处理技术

（1）文本信息输入、采集的技术主要有以下几类：

① 键盘输入法。

键盘输入法是利用键盘，按照一定的编码规则来输入汉字。这是最早采用的文本输入方法，也是现在计算机进行文字输入最普遍的方式。其中，英文字符可以直接从键盘输入，无需编码；汉字输入则必需对汉字编码，可以根据汉字的读音或基本形状用数字或英文字符编码。常用的有“微软拼音输入法”“五笔字型输入法”等。汉字输入法种类繁多，而且新的输入法还在不断涌现，各种输入法各有特点，功能也不断增强。

键盘输入文本的优点是方便快捷，易修改并且不需附加录入设备，缺点是由于使用键盘输入文字通常需要理解和记忆对应的中文输入法的编码规则，因此输入速度较难提高。

对于键盘输入法来说，无论其有多好，都需要使用者经过一段时间的练习才可能达到基本要求的速度，至少用户的指法必须熟练才行，因此文本输入新技术正向着自然输入的方向发展。

② 语音输入法。

随着计算机技术的发展，大量信息输入仅通过键盘来完成已经不能满足人们的需要，让计算机能听懂人类语言，或是用语音来控制各种自动化系统，是一种更理想的信息输入选择。

语音输入法，是将声音通过话筒输入计算机后直接转换成文字的一种输入方法。利用语音识别技术，计算机能迅速、自然地把读入计算机的声音信息转换成计算机中的文本。

语音输入法在硬件方面要求计算机必须配备能正常录音的声卡和录音设备，安装语音识别软件。在调试好麦克风后，即可以对着麦克风进行朗读录入。如果普通话不标准，可用语音识别软件提供的语音训练程序，进行一段时间的训练，让软件熟悉用户的口音后，就可以通过讲话来实现文字输入。识别软件将录入的语音信号识别转换为数字文本，实现语音文字输入。目前，语音识别技术整合较好的软件有 IBM 公司的 VIA Voice，VIA Voice 标志大词汇量、非特定人和连续语音识别技术正在趋于成熟。国内推出的 Dutty ++ 语音识别系统、天信语音识别系统、世音通语音识别系统等也被广泛使用。

语音输入是通过向计算机发出一个简单的声音命令，控制计算机操作。如：命令启动计算机中的 Microsoft Office Word 2003 应用程序，只需对着话筒说道"开始程序 Microsoft Office Word 2003"，就可以启动对应的应用程序 Microsoft Word 2003。然后进行朗读，计算机在语音识别软件的控制下自动写出对应于语句的文本。但是，目前大多数语音识别软件构建的语音识别系统是与说话者相关的，还不是一个完善的非特定人识别系统，因此，在需要使用语音录入系统前必须经过反复训练，使计算机熟悉讲话者的语音、语调和节奏等声音特征后再进行语音输入，正确率可达到 90%以上，能较准确完成语音输入转换成文本的功能。

语音输入方法的优点是可以快捷、自然地完成文本录入，可减轻用户使用键盘输入的疲劳；缺点是错字率仍然较高，特别是一些未经训练的专业名词及生僻字，因此要求录入者发音比较标准，还需要先使系统适应录入者的语音和语调。

③ 联机手写识别输入。

手写输入法是一种用特制的感应书写笔，在与计算机接口相连的手写板上书写文字来完成文本输入的方法。它符合人们用笔写字的习惯，只要将手写板接入计算机，在手写板上按平常的习惯写字，计算机就能将其识别显示出来。

联机手写识别输入法中，计算机之所以能感受到手写的笔划顺序，达到识别文字的目的，这是因为手写板结构中使用的电阻或电磁感应方式，将专用笔在运动中的坐标输入计算机，计算机中的文字识别软件根据采集到笔迹之间的位置关系和时间关系信息来识别出书写的文字，并把相应的文字显示在文字录入窗口。

目前市场上销售的手写板产品众多，从构成原理来分，主要有电阻式手写板和感应式手写板两类，电阻式手写板一般是中、低档产品，而感应式手写板的识别率一般较高，是目前的高端产品。从外观结构来分也有两类：一类是有连线的有线笔；另一类是无线笔，无线笔更受用户喜爱，是手写板发展的方向。从不同品牌来分，有汉王公司的汉王笔、北大方正的如意笔、摩托罗拉公司的慧笔、中国台湾蒙恬公司的蒙恬笔、清华紫光笔等。

联机手写识别输入的优点是，不用专门学习训练，即写即得，并且识别率较高，其录入速度取决于书写速度。缺点是不同的字体和潦草的字迹会严重影响识别系统的识别率。手写录入实际上是在光学字符识别技术（OCR）基础上发展的文字录入方法。

④ 扫描仪+OCR 识别输入法。

在实际办公中，如果需要进行大量文字录入，如书稿，资料等，仍用手工录入，无疑会浪费许多时间，用扫描转换的方法，可以大大加快文字录入速度，提高工作效率。利用 OCR 技术，可以把需要的教材、文件、资料等进行扫描转换，生成电子文档，更便于保存。

扫描仪+OCR 识别输入法就是将印刷品类纸张上的文字以图像的方式扫描到计算机中，再用 OCR 软件将图像中的文字识别出来，并转换为文本格式的文件。它能将纸介文件转换为电子文档，通常需要经过文稿扫描、版面处理、文字识别、文字编辑几个阶段。它要求把要输入的文稿首先通过扫描仪转化为图像后才能识别，所以扫描仪是 OCR 技术中必须的配置。如果被扫描的原稿印刷质量越高，识别的准确率就越高，一般最好是印刷体的文字，比如图书、杂志等，如果原稿的纸张较薄，那么有可能在扫描时纸张背面的图形、文字也透射过来，干扰最后的识别效果。需要注意的是，扫描仪本身并没有文字识别功能，它只能将文稿扫描到计算机中，并以图片的方式保存，文字识别则由 OCR 软件处理完成。

在各类型扫描仪中，平板式扫描仪由于扫描精度高、速度快、在家用及计算机办公中很流行。而 OCR 软件种类比较多，清华 TH-OCR、汉王 OCR、尚书 OCR、蒙恬识别王、丹青中英文辨识软件等都具有较高的声誉。专业的 OCR 中，清华 TH-OCR2003 和尚书七号 OCR 都具有自动识别宋、仿宋、楷、黑、圆、魏碑、隶书、行楷等百余种中文简繁字体，以及英文、数字、表格、图片混排稿件的强大功能。目前，市场上销售的扫描仪基本都附带 OCR 软件，如果用户发现扫描仪配置的 OCR 识别性能较弱，可以考虑采用其他功能强大的支持的 OCR 文字识别软件来识别扫描仪扫描的图像文稿。

(2) 文本信息处理的方法主要有以下几类：

① 文字处理软件。

文字处理软件是办公软件的一种，主要用于对文字进行录入、编辑和排版的软件，比较复杂一点的文字处理软件也可以进行表格制作和简单的图像处理。文字处理软件的发展和文字处理的电子化是信息社会发展的标志之一。现有的中文文字处理软件主要有微软公司的 Word、金山公司的 WPS、永中 office 和开源为准则的 openoffice 等。

② OCR(Optical Character Recognition 通过光学技术对文字进行识别)的处理流程 OCR 的原理如图 7-1 所示。

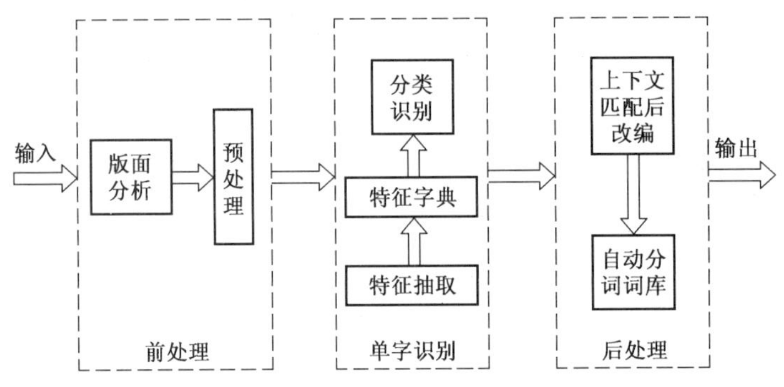

图 7-1 OCR 原理图

从 OCR 的原理图中可以看出，OCR 具体的处理流程主要包括影像输入、影像的前处理、对影像的单字识别、字词的后处理以及结果输出几个步骤。其中在影像的前处理中，包括版面分析和预处理两个步骤；单字识别中涉及到识别所需的特征字典，又称为比对数据库。

二、图像信息采集

1. 图像信息获取

1) 数码相机

(1) 基本概念。

数码相机，是一种利用电子传感器把光学影像转换成电子数据的照相机。数码相机与普通照相机在胶卷上靠溴化银的化学变化来记录图像的原理不同,数字相机的传感器是一种光感应式的电荷耦合(CCD)或互补金属氧化物半导体(CMOS)。在图像传输到计算机以前,通常会先储存在数码存储设备中,通常是使用闪存。

(2) 工作原理。

数码相机是集光学、机械、电子一体化的产品。它集成了影像信息的转换、存储和传输等部件,具有数字化存取模式,与电脑交互处理和实时拍摄等特点。光线通过镜头或者镜头组进入相机,通过成像元件转化为数字信号,数字信号通过影像运算芯片储存在存储设备中。数码相机的成像元件是 CCD 或者 CMOS,该成像元件的特点是光线通过时,能根据光线的不同转化为电子信号。

(3) 优点。

① 拍照之后可以立即看到图片,从而提供了对不满意的作品立刻重拍的可能性,减少了遗憾的发生。

② 只需为那些想冲洗的照片付费,其他不需要的照片可以删除。

③ 色彩还原和色彩范围不再依赖胶卷的质量。

④ 感光度也不再因胶卷而固定,光电转换芯片能提供多种感光度选择。

(4) 缺点。

① 由于通过成像元件和影像处理芯片的转换,成像质量相比光学相机缺乏层次感。

② 由于各个厂家的影像处理芯片技术的不同,成像照片表现的颜色与实际物体有不同的区别。

③ 由于我国暂时缺乏核心技术,后期使用维修成本较高。

2) 扫描仪

(1) 基本概念。

扫描仪(scanner)是一种计算机外部仪器设备,通过捕获图像并将其转换成计算机可以显示、编辑、存储和输出的数字化输入设备。对照片、文本页面、图纸、美术图画、照相底片、菲林软片,甚至纺织品、标牌面板、印制板样品等三维对象都可作为扫描对象,提取和将原始的线条、图形、文字、照片、平面实物转换成可以编辑及加入文件中的装置。

(2) 扫描仪的类型。

扫描仪可分为滚筒式扫描仪、平面扫描仪、笔式扫描仪、便携式扫描仪、馈纸式扫描仪、胶片扫描仪、底片扫描仪和名片扫描仪等类型。

① 笔式扫描仪。

笔式扫描仪出现于 2000 年左右,才开始的扫描宽度大约只有四号汉字大小,使用时,贴在纸上一行行的扫描,主要用于文字识别,其主要的代表有汉王、晨拓系列的翻译笔与摘录笔都是这么一个设计;而另外一个代表是 2002 年引入中国,由 3R 推出的普兰诺(planon),其可进行文字与 A4 的图片扫描,其长 227mm 宽 20mm 高 20mm 最大扫描幅度可达到 A4 纸大小,其可应用于移动办公与现场执法;扫描分辨率最高可达到 400DPI;而到了 2012 年 3 月,3R 推出的第四代扫描仪、扫描笔,艾尼提(anyty)微型扫描仪 HSA619PW 与 HSAP700,其不仅可扫描 A4 幅度大小的纸张,而且扫描分辨率可达 900dpi,并以其 TF 卡即插即用的移动功能,随处可扫可读数据,扫描输出彩色或黑白的 JPG 和 PDF 图片格式。

② 便携式扫描仪。

便携式扫描仪小巧、快速，在 2010 年，市面上出现了多款全新概念的扫描仪，因其扫描效果突出，扫描速度仅需 1s，价格也适中，扫描仪体积非常小巧而受到广大企事业办公人群的热爱，其中枫林 X200 这款扫描仪结合了市面上众多扫描仪的优点。

③ 滚筒式扫描仪。

滚筒式扫描仪一般使用光电倍增管 PMT（Photo Multiplier Tube），因此它的密度范围较大，而且能够分辨出图像更细微的层次变化；而平面扫描仪使用的则是光电耦合器件 CCD（Charged-coupled Device）故其扫描的密度范围较小。所库 CCD（光电耦合器件）是一长条状有感光元器件，在扫描过程中用来将图像反射过来的光波转化为数位信号，平面扫描仪使用的 CCD 大都是具有日光灯线性陈列的彩色图像感光器。

（3）工作原理。

扫描仪的工作原理如下：自然界的每一种物体都会吸收特定的光波，而没被吸收的光波就会反射出去。扫描仪就是利用上述原理来完成对稿件的读取。扫描仪工作时发出的强光照射在稿件上，没有被吸收的光线将被反射到光学感应器上。光感应器接收到这些信号后，将这些信号传送到模数（A/D）转换器，模数转换器再将其转换成计算机能读取的信号，通过驱动程序转换成显示器上能看到的正确图像。待扫描的稿件通常可分为：反射稿和透射稿。前者泛指一般的不透明文件，如报刊、杂志等，后者包括幻灯片（正片）或底片（负片）。如果经常需要扫描透射稿，就必须选择具有光罩（光板）功能的扫描仪。

3）图像抓取工具

（1）HyperSnap。

HyperSnap-DX 是个屏幕静态抓图软件，除了抓取屏幕图形外，还可以抓取长图形、多窗口图形、文件中的图形和自定义图形；并且支持 Direct X 和 3Dfx GLIDE 游戏图片抓取。能以 20 多种图形格式（包括：BMP，GIF，JPEG，TIFF，PCX 等）保存并阅读图片。可以用热键或自动记数器从屏幕上抓图。还能选择从 TWAIN 装置中（扫描仪和数码相机）抓图。该软件还具有图形的简单编辑功能。高版本软件增加了文本抓取功能。

（2）红蜻蜓抓图精灵。

红蜻蜓抓图精灵（RdfSnap）是一款完全免费的专业级屏幕捕捉软件，捕捉图像方式灵活，主要可以捕捉整个屏幕、窗口、区域、控件、层叠菜单、滚屏捕捉等；捕捉到的图像能够以保存图像文件、复制到剪贴板、输出到画图、打印到打印机等多种方式输出。该软件还具备常用图片编辑功能：如图片裁切、去色、反色、翻转、旋转、重置尺寸大小等。

（3）SnagIt。

一个非常优秀的图像、文本、视频和 WEB 网页中图像、音频和视频的抓取与转换软件。可以抓取 Windows 屏幕、DOS 屏幕、游戏、程序文件中的图片；抓取视频播放内容。抓取范围包括屏幕、窗口、区域、菜单等。静态图像可被存为 BMP、PCX、TIF、GIF、JPEG 以及 PDF、EMF、WMF 等多种格式，文本保存为 TXT 格式，视频保存为 AVI 格式文件。还可以选择各种抓取模式下滤镜，例如边框、边缘效果、水印、字体等。此外，该软件还设计内置图像编辑器，除了对抓取的图像进行简单编辑外，还可以利用绘图工具箱中的气泡、箭头等工具对图像进行修饰。

2. 图像信息处理方法

1）图像信息处理工具

（1）Adobe Photoshop。

① 软件特点：知名度以及使用率最高的图像处理软件。

② 软件优势：使用业界标准的 Adobe Photoshop 软件更加快速地获取更好效果，同时为图形和 Web 设计、摄影及视频提供必不可少的新功能。

③ 与同行软件的比较：Photoshop 新增许多强有力的功能，特别是对于摄影师来讲，Photoshop 对数码暗房的支持功能有了极大的加强和突破。

④ 软件的功能特色。从功能上看，该软件可分为图像编辑、图像合成、校色调色及特效制作部分等。图像编辑是图像处理的基础，可以对图像做各种变换如放大、缩小、旋转、倾斜、镜像、透视等，也可进行复制、去除斑点、修补、修饰图像的残损等，这在婚纱摄影、人像处理制作中有非常大的用场，去除人像上不满意的部分，进行美化加工，得到让人非常满意的效果；图像合成则是将几幅图像通过图层操作、工具应用合成完整的、传达明确意义的图像，这是美术设计的必经之路，该软件提供的绘图工具让外来图像能够与创意很好地融合，能使合成的图像天衣无缝；校色调色可方便快捷地对图像的颜色进行明暗、色偏的调整和校正，也可在不同颜色进行切换以满足图像在不同领域如网页设计、印刷、多媒体等方面应用；特效制作在该软件中主要由滤镜、通道及工具综合应用完成，包括图像的特效创意和特效字的制作，如油画、浮雕、石膏画、素描等常用的传统美术技巧都可由该软件特效完成。

（2）Adobe Illustrator。

① 软件特点：专业矢量绘图工具，功能强大，界面友好。

② 软件优势：无论用户是生产印刷出版线稿的设计者和专业插画家、生产多媒体图像的艺术家、还是互联网页或在线内容的制作者，都会发现 Illustrator 能适合大部分从小型到大型的设计项目。

③ 与同行软件比较：功能强大，操作专业。与 Adobe 公司其他软件（如 Photoshop、Primiere 及 Indesign 等软件）可以良好的兼容，在专业领域优势比较明显。

（3）CorelDRAW。

① 软件特点：界面设计友好，空间广阔，操作精微细致。兼容性佳。

② 软件优势：非凡的设计能力广泛地应用于商标设计、标志制作、模型绘制、插图描画、排版及分色输出等诸多领域。市场领先的文件兼容性以及高质量的内容可帮助用户将创意变为专业作品。从与众不同的徽标和标志到引人注目的营销材料以及令人赏心悦目的 Web 图形，应有尽有。

③ 与同行软件的比较：功能强大，兼容性好，可生成各种与其他软件相兼容的格式，操作较 Illustrator 简单，在国内中小型广告设计公司应用率较高。

④ 软件的主要功能：该软件是加拿大的 Corel 公司开发的图形图像软件，是一款矢量图形制作工具软件，这个图形工具提供了矢量动画、页面设计、网站制作、位图编辑和网页动画等多种功能。

（4）光影魔术手。

① 软件特点：光影魔术手（nEOiMAGING）是一个对数码照片画质进行改善及效果处

理的软件，简单、易用，不需要任何专业的图像技术，就可以制作出专业胶片摄影的色彩效果。

② 软件优势：模拟反转片的效果，令照片反差更鲜明，色彩更亮丽，模拟反转负冲的效果，色彩诡异而新奇，模拟多类黑白胶片的效果，在反差、对比方面，和数码相片完全不同。

③ 与同行软件的比较：是一个照片画质改善和个性化处理的软件。简单、易用，每个人都能制作精美相框、艺术照、专业胶片效果，而且完全免费。

④ 软件的主要功能：光影魔术手是国内最受欢迎的图像处理软件，是一个对数码照片画质进行改善及效果处理的软件，能够满足绝大部分照片后期处理的需要。该软件具有模拟反转片效果、晚霞渲染、黑白效果、反转片负冲、负片效果、夜景效果、白平衡一指键、CCD 死点修复、色阶和曲线、人像褪黄、水印、花样边框、撕边效果、数码减光、变形校正、证件照排版、制作组合图、高 ISO 去噪、柔光镜模拟、包围曝光三合一、白平衡错误校正、红饱和衰减、人像美容、IE 魔术图、去红眼、影楼风格人像、素描等功能。

三、音频及视频信息采集

1. 音频及视频基础知识

1）音频

音频是（Audio）带有语音、音乐和音效的有规律的声波的频率、幅度变化信息载体。根据声波的特征，可把音频分类为规则音频和不规则声音。其中规则音频又可以分为语音、音乐和音效。规则音频是一种连续变化的模拟信号，可用一条连续的曲线来表示，称为声波。声音的三个要素是音调、音强和音色。声波或正弦波有三个重要参数：频率 ω_0、幅度 A_n 和相位 ψ_n，这也就决定了音频信号的特征。

2）音频特点

① 声音是以声波的形式进行传递和存在的。

② 声波是一种机械波，具有纵波一般的波动特性，例如，反射、折射、绕射、干涉等。

③ 声波在传播中遇到障碍物时，它的能量一部分会被障碍物吸收，另一部分会被反射回来。若在一个封闭的室内，产生的反射声波会被周围的墙壁、天花板和其他障碍物吸收和反射，形成一系列逐渐衰减的反射声波。

④ 从声音的发出到衰减 60dB（至原来的百万分之一）所需要的时间称为混响时间。一般，常用混响时间的长短来表明封闭室的混响衰减速度。房间混响时间的长短对听音效果有很大影响。

3）视频

视频的图像是运动的，内容随时间而变化；伴随的声音与运动图像同步。信息容量较大，集成了影像、声音、文本等多种信息。视频影像由摄像机、录像机、影碟机等设备采集。

4）视频分类

模拟视频（Analog Video）是一种用于传输图像和声音且随时间连续变化的电信号。早期视频的获取、存储和传输都是采用模拟方式。

数字视频（Digital Video）是将来自于摄像机、录像机、影碟机等设备的模拟视频信号，转换成计算机要求的数字视频形式存放于磁盘上,采用数字的方式记录视频信息,称这个过程为视频的数字化(包括采样、量化和编码)。数字化视频克服了模拟视频的许多不足,它大大降低视频信号传输和存储的费用、可以实现交互性和精确再现真实的稳定图像。因此,数字视频的应用非常广泛。

2. 音频及视频素材的采集与获取

1) 声音文件获取方法

音频的获取途径,主要有以下几种。

(1) 传声器,也称话筒、微音器、麦克风,是将声音信号转换为电信号的能量转换器件,由 Microphone 翻译而来,20 世纪,话筒由最初通过电阻转换声电发展为电感、电容式转换,大量新的麦克风技术逐渐发展起来,这其中包括铝带、动圈等话筒,以及当前广泛使用的电容话筒和驻极体话筒。话筒是由声音的振动传到话筒的振膜上,推动里边的磁铁形成变化的电流,这样变化的电流送到后面的声音处理电路进行放大处理。

(2) 从专业的音效素材光盘或 MP3 素材光盘中获取背景音乐和效果音乐。

(3) 在资源库中查找,很多教学资源库中都可以找到小学、初中、高中语文课文中的大多数课文范读。

(4) 在网上查找。

(5) 从 CD、VCD 中获取,CD、VCD 可以用超级解霸的音频播放器播放,然后压缩成 MP3 格式,再根据需要决定是否转成其他格式。

(6) 从现有的录音带中获取,方法是用音频线从录音机线路输出,再从声卡的线路输入口(或 MIC)输入,然后设置成线路输入(或 MIC)录音,最后打开附件中的录音机进行录音,再保存在相应位置。

(7) 从课件中获取,大多数课件中的声音文件都存放在 WAV 文件夹中,从中可以找到你需要的声音。

(8) 进行原创。

2) 视频文件获取方法

要进行视频信息处理,必须把视频片段先采集到计算机中。下面介绍两种视频采集的方法:

(1) 视频采集卡。利用视频采集卡可以将录像带、VCD 影碟上的视频信号转换成 AVI 视频文件或 MPG 格式传送给计算机。

(2) 用"超级解霸"等软件抓取视频文件。对于 VCD 或一些现有的视频素材可以用"超级解霸"等软件抓取。

3. 音频及视频素材的编辑

1) 典型音频信息编辑软件

GoldWave 是一个功能强大的数字音乐编辑器,是一个集声音编辑、播放、录制和转换于一体的音频工具。它还可以对音频内容进行转换格式等处理。它体积小巧,功能却无比强大,支持许多格式的音频文件,包括 WAV、OGG、VOC、IFF、AIFF、AIFC、AU、SND、MP3、MAT、DWD、SMP、VOX、SDS、AVI、MOV、APE 等音频格式。用户也可从 CD、VCD 和 DVD 或其他视频文件中提取声音。内含丰富的音频处理特效,从一般特效如多普勒、回声、混响、降噪到高级的公式计算(利用公式在理论上可以产生任何用户想要的声音)。

2）视频编辑流程

（1）设计脚本。

脚本包含对影片内容和创意的描述，主要用于记录和展示影片的情节、台词、表情、动作和旁白等要素，以及实现创意和构思的途径和技术手段等。

脚本分为拍摄脚本和编辑脚本两种，前者的内涵和剧本相同，用于规范 DV 拍摄；编辑脚本是在拍摄脚本基础上的引申和发展，它着重考虑了创意、构思的实现方法和技术手段，把创意和构思实现为最终的影视作品。

（2）收集整理素材。

素材通常包括图片、音频和视频等多种类型。除此之外，Flash 动画也可以作为素材使用。在所有类型的素材中，视频素材是最为核心的内容，其采集手段主要包括 DV 采集、视频采集及截取光盘和网络视频。而音频素材的主要来源为音乐 CD、MP3、MIDI 等，其中 MP3、MIDI 可以从网络中收集。图片素材可以用 DV、DC 拍摄，也可以自己制作或者从网上收集。另外，素材的采集完之后，还需要用户按照影片的制作要求，对素材进行初步的处理，以便影片的后期制作。

（3）编辑合成。

影片的编辑合成主要是通过各种视频编辑软件完成。例如，会声会影、Adobe Premiere 等。在视频编辑软件中，通过对素材的剪辑、为其添加特殊效果、字幕和背景音乐等操作，最终将所有的素材整合为一段完整的影片。

（4）输出发布。

影片的最终效果制作完成后，即可将其输出为 VCD、SVCD、DVD 光盘。在制作 VCD、SVCD、DVD 时，通常需要制作光盘菜单。另外，视频作品也可以保存为其他格式的视频文件，如通过网络传输的流媒体文件。

四、Web 信息采集

Web 信息采集通常意义上有两种，一种是人工复制粘贴网络上的数据，第二种是使用网络爬虫进行信息采集。人工采集数据不仅效率低下，而且会有很高的错误率。因此，在工作中常用网络爬虫进行 Web 信息的获取。

1. 网络爬虫的定义

网络爬虫（Web Crawler），又被称为蜘蛛（Spider）或机器人（Robot），是一种按照一定的规则，自动对万维网信息进行抓取的程序或者脚本。它为搜索引擎从万维网上下载网页，是搜索引擎的重要组成。通过网络爬虫不仅能够为搜索引擎采集网络信息，而且可以作为定向数据采集器，定向采集某些网站下的特定信息等。爬虫程序的实现策略，运行效率直接影响搜索引擎的搜索结果。不同的搜索引擎，会根据对搜索结果的不同需求，选择最合适的爬行策略来搜集互联网上的信息。高效、优秀的爬虫程序可以使人们在互联网上寻找到更及时、更准确的信息。通用爬虫从一个或若干初始网页的 URL 开始，获得初始网页上的 URL，在抓取网页的过程中，不断从当前页面上抽取新的 URL 放入队列，直到满足系统的一定停止条件。

2. 网络爬虫的原理

1）集中式网络爬虫

集中式爬虫的工作原理是：给定的一组初始 URL 种子集合，通过爬虫主体程序多个线程分别获取到种子 URL 后,将 URL 对应的 html 页面获取到本地进行分析,页面内容提取模块将页面中有用的可供搜索引擎建索引的信息获取到本地保存起来,种子提取模块将 html 页面中新的指向其他页面的链接提取出来,经过一系列的处理保存起来供以后继续爬行。

2) 分布式网络爬虫

随着 Web 信息的爆炸性增长,网络爬虫信息采集的速度越来越不能满足实际应用的需要。即使大型的信息采集系统对 Web 的覆盖率也只有 30%~40%,刷新一遍已经采集的页面常常需要数周到一个月的时间。解决这一问题的直接办法是升级信息采集器的硬件,采用处理能力更强的计算机系统,然而这种方法的扩展性有限,性价比也不高。因而人们找了一个更好的选择,用分布式方式来进行网页信息采集。分布式网络爬虫可以看做由多个集中式网络爬虫组合而成。分布式系统中的每个节点都可以看作一个集中式网络爬虫。多个网络爬虫共同运行,肯定会涉及到各个节点间相互通信。

3. 网络爬虫的应用

(1) Heritrix:是一个开源,可扩展的 Web 爬虫项目。Heritrix 设计成严格按照 robots. txt 文件的排除指示和 META robots 标签。

(2) WebSPHINX:是一个 Java 类包和 Web 爬虫的交互式开发环境。Web 爬虫(也称为机器人或蜘蛛)是可以自动浏览与处理 Web 页面的程序。WebSPHINX 由两部分组成:爬虫工作平台和 WebSPHINX 类包。

(3) WebLech:是一个功能强大的 Web 站点下载与镜像工具。它支持按功能需求来下载 Web 站点并能够尽可能模仿标准 Web 浏览器的行为。WebLech 有一个功能控制台并采用多线程操作。

(4) Arale:主要为个人使用而设计,而没有像其他爬虫一样是关注于页面索引。Arale 能够下载整个 Web 站点或来自 Web 站点的某些资源。Arale 还能够把动态页面映射成静态页面。

(5) J-Spider:是一个完全可配置和定制的 Web Spider 引擎。用户可以利用它来检查网站的错误(内在的服务器错误等),网站内外部链接检查,分析网站的结构(可创建一个网站地图),下载整个 Web 站点,还可以写一个 J-Spider 插件来扩展用户所需要的功能。

(6) spindle:是一个构建在 Lucene 工具包之上的 Web 索引/搜索工具。它包括一个用于创建索引的 HTTP spider 和一个用于搜索这些索引的搜索类。spindle 项目提供了一组 JSP 标签库使得那些基于 JSP 的站点不需要开发任何 Java 类就能够增加搜索功能。

(7) Arachnid:是一个基于 Java 的 Web spider 框架。它包含一个简单的 HTML 剖析器能够分析包含 HTML 内容的输入流,通过实现 Arachnid 的子类就能够开发一个简单的 Web spider 并能够在 Web 站上的每个页面被解析之后增加几行代码调用。Arachnid 的下载包中包含两个 spider 应用程序例子用于演示如何使用该框架。

(8) LARM:能够为 Jakarta Lucene 搜索引擎框架的用户提供一个纯 Java 的搜索解决方案。它包含能够为文件、数据库表格建立索引的方法和为 Web 站点建索引的爬虫。

(9) JoBo:是一个用于下载整个 Web 站点的简单工具。它本质是一个 Web Spider。与其他下载工具相比较它的主要优势是能够自动填充 form(如:自动登录)和使用 cookies

来处理 session。JoBo 还有灵活的下载规则(如:通过网页的 URL,大小,MIME 类型等)来限制下载。

(10) snoics-reptile:用纯 Java 开发的,用来进行网站镜像抓取的工具,可以使用配制文件中提供的 URL 入口,把这个网站所有的能用浏览器通过 GET 的方式获取到的资源全部抓取到本地,包括网页和各种类型的文件,如:图片、flash、mp3、zip、rar、exe 等文件。可以将整个网站完整地下传至硬盘内,并能保持原有的网站结构精确不变。只需要把抓取下来的网站放到 Web 服务器(如:Apache)中,就可以实现完整的网站镜像。

(11) Web-Harvest:是一个 Java 开源 Web 数据抽取工具。它能够收集指定的 Web 页面并从这些页面中提取有用的数据。Web-Harvest 主要是运用了像 XSLT,XQuery,正则表达式等这些技术来实现对 text/xml 的操作。

(12) spiderpy:是一个基于 Python 编码的开源 Web 爬虫工具,允许用户收集文件和搜索网站,并有一个可配置的界面。

(13) The Spider Web Network Xoops Mod Team:是一个 Xoops 下的模块,完全由 PHP 语言实现。

(14) Fetchgals:是一个基于 perl 多线程的 Web 爬虫,通过 Tags 来搜索图片。

(15) larbin:基于 C++的 Web 爬虫工具,拥有易于操作的界面,不过只能跑在 LINUX 下,在一台普通个人计算机下 larbin 每天可以爬五百万个页面(需要拥有良好的网络)。

第三节 军事信息系统数据运用

在世界经济高速发展的今天,电子科技的发展速度和势头最为猛烈,并且其技术的应用也进一步的成熟和得到完善,相应的全球经济的发展势必将全面进入信息化。在军事信息系统管理中,有着大量复杂的、不同类别的信息资源,这些因素会直接影响信息化管理的效率,而计算机数据库系统,将会对这些庞大的信息资源进行系统整合,让这些信息可以发挥最佳的效果供管理人员使用。

一、联机分析处理

随着各种军事信息系统中的数据量急速上升,在带给管理人员各种便捷的同时,也带来了新的挑战:如何有效利用大量的数据进行更加科学的决策,如何利用已有的数据资源保持和增强竞争力。联机分析处理中针对数据查询、更改等功能已经不能满足现今大量信息数据分析的要求,需要企业在数据分析活动中对相关的方法进行改善。

技术人员曾经尝试在联机事务处理系统的基础上进行决策分析功能的拓展,比如在关系数据库中放宽了对冗余数据的限制,并引入了统计及综合数据。但这些统计综合数据的应用逻辑是分散而杂乱的、非系统化的,因此分析功能有限,不灵活,难以维护。越来越多的企业采取了发展其前端产品来弥补关系数据库管理系统支持的不足,通过专用的数据存储管理引擎、全面的分析方法以及更加直观的数据访问界面,尝试将应用逻辑进行整合,以能够在短时间内响应复杂的查询要求,这就是联机分析处理。

联机分析处理(Online Analytical Processing,OLAP)是共享多维信息的、针对特定问题的联机数据访问和分析的软件技术。它通过对信息的多种可能的观察形式进行快速、稳定一致和交互性的存取,允许管理决策人员对数据进行深入观察。OLAP 专门设计用于支持复杂的分析操作,侧重对决策人员和高层管理人员的决策支持,可以根据分析人员的要求,快速、灵活地进行大数据量的复杂查询处理,并且以一种直观而易懂的形式将查询结果提供给决策人员,以便他们准确掌握企业的经营状况,了解市场的需求,制订正确的方案。

表 7-1 给出了 OLTP 和 OLAP 的特性对比,可以看出联机分析处理的主要特点。OLAP 直接仿照用户的多角度思考模式,可预先为用户组建多维的数据模型。在 OLAP 的多维数据中,用户可以快速地从各个分析角度获取数据,也能动态地在各个角度之间切换或者进行多角度综合分析,具有极大的分析灵活性。这也是联机分析处理在近年来被广泛关注的根本原因,它从设计理念和真正实现上都与旧有的管理信息系统有着本质区别。

表 7-1 OLTP 和 OLAP 的特性对比

对比项目	OLTP	OLAP
用户	操作人员,基层管理人员	决策人员,高级管理人员
功能	日常操作处理	分析决策
数据库设计	面向应用	面向主题
数据	当前的、细节的、分立的二维表数据	历史的、聚集的、集成的多维数据
存取	读/写记录	只读记录
时间要求	具有实时性	对时间的要求不严格
技术基础	数据库	数据仓库

联机分析处理技术的核心是对数据从多个角度进行分析,即"多维度"是联机分析处理技术的关键。维及其相关概念说明如下:

(1) 维:是指人们在观察或对对数据进行分析时的特定角度,是考虑问题的一类属性,属性集合构成一个维度。OLAP 中的维度类似于用户分析角度。例如在对销售数据的分析中,时间周期是一个维度,产品类别、分销渠道等也分别是一个维度。

(2) 维的层次:人们观察数据的某个特定角度还可以存在细节程度不同的各个描述方面,例如在时间维上可以观察到某年、某月,也可以具体到某一天。

(3) 维的成员:维的一个取值,是数据项在某维中具体的描述。例如"2018 年 12 月 1 日"是在时间维上具体的描述。

(4) 度量:多维数组的取值。各维度的交点即是一个度量值,如"2018 年 5 月,西安,笔记本电脑,6000 元"。

(5) 数据立方体:它是为输入数据的聚合定义的框架结构,是多维数据库数据在维模型中的一种表述,允许以多个维度对数据建模和观察,由维和事实数据组成。

OLAP 可以根据数据的各种维度建立相应的维度模型,而维度模型主要由维度表以及事实表构成。其中事实表作为维度模型的基本表,主要用于度量值的存储。事实表中的一行对应一个度量值。事实表中所有的度量值应具有相同的粒度,即相同的数据细化程度,如一张事实表记录的是每天的数据,该事实表中所有的数据维度都是以"日"为粒度的数据。

不同于事实表,维度表最大的特点在于包含较多的列,而这些列正是将事实表度量数据进行细分的维度属性。通过维度表中不同维度的筛选,可以得到相应的事实表中的具体度量值。一张事实表通常都会连接多个维度表,以保证数据分析的全面性,一张维度表通常只有一个主关键字,而维度表中的主关键字在事实表中是以外关键字的方式将两类表进行连接。

由于事实表和维度表的连接方式不同,形成的数据模型也是不同的:当一张事实表被多张维度表连接,这时的模型称为星型模型;在一张事实表被多张维度表连接并且每个维度表又可以连接新的维度表时,这时的模型称为雪花模型。很显然,雪花模型是建立在星型模型的基础上。在星型模型中,其特点为所有的事实都必须有相同的粒度,并且不同的维度之间相互不关联;而雪花模型的优点在于每个维度表的发散可以减少维度表的数据量,提高查询速度。

对于联机分析处理技术,除了多维性这一特点外,还应尽可能存储海量数据并快速响应用户的分析需求。

联机分析处理技术主要的操作分为钻取、切片和切块及旋转,这些操作都是通过维度的变化从而进行各种方式的数据分析。以下将结合例子对联机分析处理技术的典型操作进行阐述。

假设有一组数据是以产品、时间和地区分别为一个维度构建的一个数据立方体,如图 7-2所示。

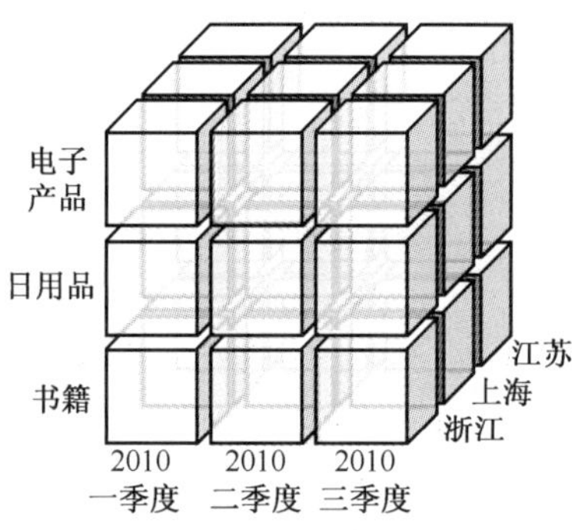

图 7-2 产品销售数据立方体

1. 钻取

钻取包含向下钻取和向上钻取操作,也可称为下钻和上钻。钻取的深度与维度的层次相对应。层次可以根据用户需求,通过给定维度或属性分组来定义,也可以由数据库中的隐含模式定义全序或偏序的模式分层。

针对例子中的数据立方体,向上钻取是指在某一维上将低层次的细节数据概括到高层次的汇总数据,或者减少维数。例如,在地区维上进行向上钻取,即将“浙江”“上海”以及“江苏”三个维度层次向上概括到一个高层次,即“江浙沪”层次,如图 7-3 所示。

向下钻取则与向上钻取相反,是指汇总数据深入到细节数据进行观察或增加新的维度。以时间维为例,针对某一季度进行向下钻取,即深入到具体的月份,如图 7-4 所示。

2. 切片和切块

在多维数据结构中,选定二维子集的操作称为切片;选定三维子集的操作称为切块。

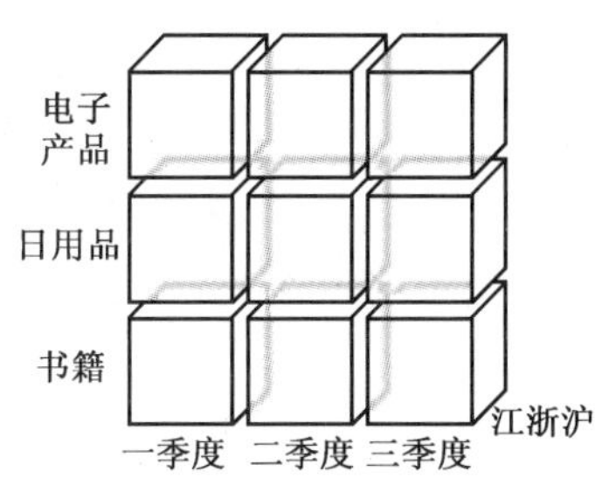

图 7-3 向上钻取的结果

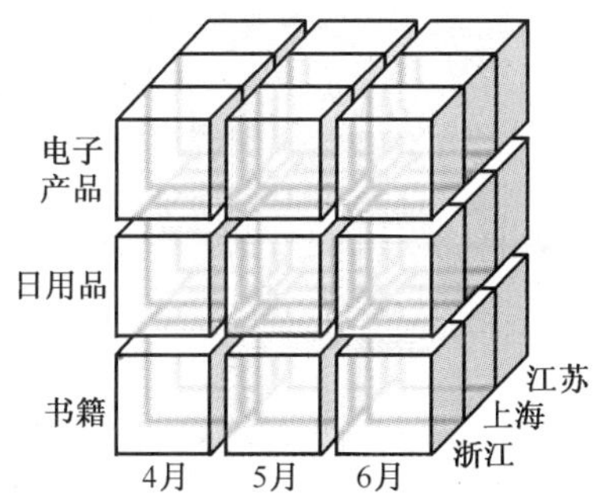

图 7-4 向下钻取的结果

进行切片或切块后,可得到所需要分析的数据。

切片和切块是在某一维上选取定值后,查看数据在剩余维度上的分布。在图 7-5 中,当商品种类中选定“电子产品”后,构成相应度量的剩余数据分别分布在时间维和地域维上,即以时间维和地域维去截取电子产品的数据立方体,也就是切片。

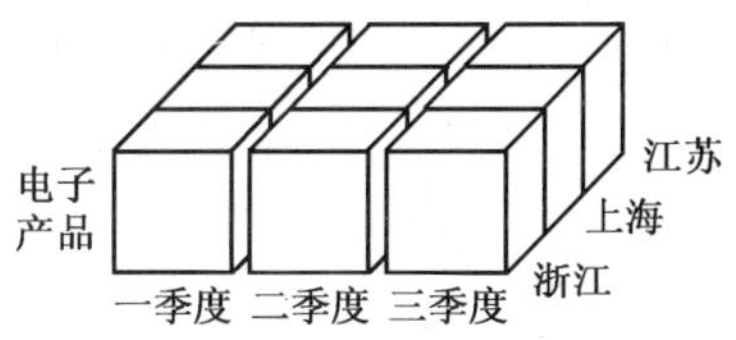

图 7-5 数据立方体切片的结果

3. 旋转

旋转是一种视图操作,通过旋转可以得到不同视角的数据。

4. 其他操作

有些联机分析处理操作提供其他钻取操作,包括钻过和钻透操作等。

二、数据挖掘

近年来,随着信息系统的广泛使用,系统产生的数据在规模和复杂性上的迅速增大,大量数据需要被及时转换为有用的信息和知识,但传统的数据处理方式已经不适应这种新的需求,于是作为解决这类问题的新方案——数据挖掘技术在学术界和产业界便引起了极大关注。

数据挖掘(Data Mining)是指通过特定算法从大量的数据中揭示数据的模式特征或相互关系的过程,它是数据库知识发现(Knowledge-Discovery in Databases,KDD)过程的一个步骤。数据挖掘技术可以广泛用于各种行业或场景,包括商业智能管理,生产控制,市场分析,工程设计和科学探索等。

虽然数据挖掘技术较传统的数据分析方法有很大的进步,但它本身也是多学科融合的产物。包括:来自统计学的抽样、估计和假设检验等方法,来自计算机科学的人工智能、模式识别和机器学习等算法和理论,还有来自于最优化、进化计算、信息论、信号处理、可视化和信息检索等领域的知识和思想。同时,在数据挖掘的实现过程中,往往还需要数据库系统的存储、索引和查询功能,还需要高性能(并行或分布式)计算技术的支持。

数据挖掘任务是对大量数据进行半自动或全自动的分析,以提取以前未知的、有价值的模式,比如将数据按照特征分组(聚类分析)、发现异常记录(异常检测)和揭示数据之间的依赖关系(关联规则挖掘、序列模式挖掘)等。以下将列举并简要解释数据挖掘的主要任务。

回归(Regression)是使用一系列的现有数值确定两种或两种以上变量间相互依赖的定量关系的一种统计分析方法,是一种预测性的建模技术。回归分析按照涉及的变量的多少,分为一元回归和多元回归分析;按照因变量的多少,可分为简单回归分析和多重回归分析;按照自变量和因变量之间的关系类型,可分为线性回归分析和非线性回归分析。根据具体的问题,回归分析可采用较为传统的逻辑回归(Logistic Regression)等方法,也可以运用现代分析技术如类神经网络或决策树理论等分析工具。

异常检测(Anomaly Detection)可以帮助识别不寻常的数据记录(离群点),这些不寻常的对象、事件或观测结果有可能是最值得特别关注的数据。比如,不寻常的数据可以帮助发现银行欺诈、结构缺陷、医疗事故或文本中的错误等。

分类(Classification)是根据已分类数据的特征建立模型对其他未经分类或是新的数据做预测的过程。比如,信用卡管理部门可以根据已有其他客户的基本信息和还款记录建立模型以判断新客户的风险等级;医疗部门可以根据已有其他病患的症状资料确定患者的病症种类;考勤机可以通过已录入的员工人脸资料,识别出当前正在打卡的员工是哪一位;邮件系统可以根据邮件本身的特征来识别是否是垃圾邮件。分类分析的过程是一种有监督的学习过程。

聚类(Clustering)是对数据记录分组,把相似的记录归集在一个簇(或类)中。聚类和分类的区别是聚集不依赖于预先定义好的类,不需要训练集,是一种无监督的学习过程。比如,电子商务平台可以根据用户的购买行为刻画不同的客户群的特征,以便根据同类客户的购买记录为客户推荐产品。

关联规则(Association Rules)或相关性分组(Affinity Grouping)是用来搜索变量之间的关系。广为流传的“尿布与啤酒”的例子就是这类问题的典型代表:超市通过分析大量的购物单发现“跟尿布一起购买最多的商品竟是啤酒”,给出的解释是:在家照顾婴儿的太太们常叮嘱她们的丈夫下班后为小孩买尿布,而丈夫们在买尿布后又随手带回了他们喜欢的啤酒。

数据挖掘和 OLAP 虽然都可以帮助发现信息背后的规律,但两者不能相互代替,因为 OLAP 主要用于验证假设,而数据挖掘主要用于发现假设。用户在使用 OLAP 时,需要先提出明确的假设和数据验证的任务(比如,是否学历越高收入越高),然后利用 OLAP 来查证假设是否成立;而用户在应用数据挖掘时,往往并不知道会产生何种结果(比如,购物车中的哪些商品可能会有强关联关系),需要通过算法和工具帮助探索得到结果。

数据挖掘的算法来源于统计学、数据库技术和机器学习等跨学科方法的融合，随着相关理论和需求的发展，各种数据挖掘算法层出不穷。2006 年 12 月 IEEE 国际数据挖掘大会(the IEEE International Conference on Data Mining，ICDM)从 18 种候选算法中评选出了数据挖掘领域的十大经典算法：C4.5 算法、K-Means 算法、支持向量机、Apriori 算法、最大期望算法、PageRank 算法、AdaBoost 算法、k 临近算法、朴素贝叶斯算法和分类回归树算法。这些算法在数据挖掘领域都产生了极为深远的影响。以下是对这些算法的简单介绍。

C4.5 算法是通过学习数据来建立决策树，是一种有监督的学习过程。C4.5 算法可以建立从实体的属性值到类别的映射关系，这个映射能用于对新实体进行分类。该算法是从 ID3 算法中衍生出的，它特点是：用信息增益率帮助选择属性和进行剪枝，能够对非离散数据和不完整数据进行处理。

K-Means 算法是一种聚类算法，它把数据点到原型的某种距离作为优化的目标函数，通过迭代运算试图找到数据中自然聚类的中心。K-Means 聚类算法的优点是算法快速、简单，对大数据集有较高的效率并且是可伸缩的。

支持向量机(Support Vector Machine，SVM)通过将向量映射到一个更高维的空间并构造一个超平面来分析数据和识别模式，用来做数据分类和回归分析，是一种有监督的学习过程。SVM 在解决小样本、非线性及高维模式识别中表现出许多特有的优势。

Apriori 算法是一种挖掘关联规则的算法，其核心思想是通过候选集生成和检测两个阶段来挖掘频繁项集，找到数据之间的关联关系。虽然 Apriori 算法可以通过减少候选集大小来获得良好的性能，但在频繁项集很多或者最小支持度很低的情况下，计算量依然非常巨大。

最大期望算法(Expectation-maximization Algorithm，EM 算法)是在概率模型中寻找参数最大似然估计或者最大后验估计的算法，其中概率模型依赖于无法观测的隐藏变量。该算法常用与机器学习和计算机视觉等领域的数据聚类分析。

PageRank 算法是 Google 搜索引擎的重要算法，以 Google 创始人之一拉里·佩奇(Larry Page)的姓来命名。PageRank 算法根据网页的外部链接和内部链接的数量和质量来衡量网页的价值。一个网页被链接得越多，就意味它越重要、等级越高，同时一个网页的等级也可以影响它所链接的其他网页的等级。PageRank 算法可以比较客观地体现网页的相关性和重要性。

Adaboost 算法是一种将多个弱分类器组合为一个强分类器的算法。该算法通过用同一个训练集多次训练不同的分类器(弱分类器)，基于弱分类器的加权错误率更新权重向量，从而进行下一次迭代。多次迭代后将各分类器融合起来，构成最后的决策分类器。Adaboost 算法泛化错误率低，容易实现，可以应用在大部分分类器上。

K 邻近算法，或称为 K 最近邻(K-nearest neighbor，KNN)算法是最基本的数据分类算法之一。该算法的思路是：如果一个样本在特征空间中的 k 个最邻近的样本中的大多数属于某一个类别，则该样本也属于这个类别。由于 KNN 算法主要靠周围有限个邻近的样本来计算，因此适用于类域的交叉或重叠较多的待分样本集。

朴素贝叶斯(Naive Bayesian，NB)算法是应用最广泛的分类算法之一。朴素贝叶斯算法以贝叶斯定理为基础，假设一个属性值对给定类的影响独立于其他属性的值，通过已有数据样本的统计规律预测未知类别样本的分类概率。朴素贝叶斯分类算法所需估计的参数很少,对缺失数据不太敏感,算法也比较简单,多用于文本分类,比如垃圾邮件过滤等。

分类与回归树(Classification and Regression Trees,CART)算法是一种构建决策树的算法。CART 算法假设决策树是二叉树,左右子树分别是取值为“是”和“否”的分支。通过递归地二分每个特征,将特征空间划分为有限个单元,并在这些单元上确定预测的概率分布。CART 算法通过树的生成和树的剪枝构建出最终的决策树。CART 算法可以用于分类,也可以用于回归问题,分类树的输出是样本的类别,回归树的输出是一个实数。

以上的经典算法并无优劣之分,而是要根据具体的应用场景和数据分析需求选择其中合适的算法。另外,算法本身也并非是一成不变的,随着对数据挖掘的理论研究和实际应用,学术界和工程界提出了大量基于经典算法的改进算法,以应对不同领域的实际问题。

三、数据仓库

数据仓库(Data Warehouse,DW/DWH)是为决策制定过程提供所有类型数据支持的战略集合。它是单个数据存储,出于分析性报告和决策支持目的而创建。为需要业务智能的企业,提供指导业务流程改进、监视时间、成本、质量以及控制。

数据仓库这一概念在 1990 年被提出,主要是将企业或组织通过累积的大量数据资料,由数据仓库理论所特有的资料储存架构进行系统的分析整理,其中涵盖多种分析方法,如联机分析处理,数据挖掘等方法,从而进一步帮助决策者在大量的数据资料中快速有效地分析出有价值的信息,以便于决策拟定以及快速回应环境变动,帮助构建商业智能。在 1991 年出版的《建立数据仓库》一书中对数据仓库的定义进行了较为全面、接受的解释:数据仓库是一个面向主题的、集成的、相对稳定的、反映历史变化的数据集合,用于支持管理决策。这里的主题,是指用户使用数据仓库进行决策时所关心的重点方面,如:收入、客户、销售渠道等;所谓面向主题,是指数据仓库内的信息是按主题进行组织的,而不是像业务支撑系统那样是按照业务功能进行组织的。集成是指数据仓库中的信息不是从各个业务系统中简单抽取出来的,而是经过一系列加工、整理和汇总的过程,因此数据仓库中的信息是关于整个企业的一致的全局信息。随时间变化,是指数据仓库内的信息并不只是反映企业当前的状态,而是记录了从过去某一时点到当前各个阶段的信息。

数据仓库是面向主题的,操作型数据库的数据组织面向事务处理任务,而数据仓库中的数据是按照一定的主题域进行组织,主题是指用户使用数据仓库进行决策时所关心的重点方面,一个主题通常与多个操作型信息系统相关。数据仓库是集成的,即数据仓库的数据来自于分散的操作型数据,从原始数据中抽取所需数据信息,进行加工集成,统一与综合之后才能进入数据仓库。数据仓库中的数据是在对原有分散的数据库数据抽取、清理的基础上经过系统加工、汇总和整理得到的,必须消除原始数据中的不一致性,以保证数据仓库内的信息是关于整个企业的一致的全局信息,同时,数据仓库中的数据主要用于提供企业决策分析,所涉及的数据操作主要是数据查询,一旦某个数据进入数据仓库,一般情况下将被长期保留,也就是数据仓库中一般有大量的查询操作,但修改和删除操作很少,通常只需要定期的加载、刷新。

数据仓库,是在数据库已经大量存在的情况下,为了进一步挖掘数据资源,为了决策需要而产生的,它并不是所谓的“大型数据库”。数据仓库的方案建设的目的,是为前端查询和分析作为基础,由于有较大的冗余,所以需要的存储也较大。为了更好地为前端应用服务,数据仓库往往有如下几个特点:

(1) 效率高。数据仓库的分析数据一般分为日、周、月、季、年等,可以看出,日为周期的数据要求的效率最高,要求 24 小时甚至 12 小时内。由于有的企业每日的数据量很大,分析数据周期若产生延迟显然是不符合要求的。

(2) 数据准确可靠。数据仓库所提供的数据信息要求准确,但由于数据仓库流程通常分为多个步骤,包括数据清洗、载入、查询等,复杂的架构会具有更多的层次,如果由于无效的数据源或数据输入不严谨,都将会导致数据失真,从而导致决策失误。

(3) 扩展性高。存在大型数据仓库系统架构设计复杂是因为考虑到未来时间内的扩展性。一个好的数据仓库系统能够保证在长时间内稳定有效的运行,尽量避免企业重新构建数据仓库系统。

(4) 面向主题。操作型数据库的数据组织面向事务处理任务,各个业务系统之间各自分离,而数据仓库中的数据是按照一定的主题域进行组织的。主题与传统数据库的面向应用是相对应的,是在较高层次上将企业信息系统中的数据综合、归类并进行分析利用的抽象。每一个主题对应一个宏观的分析领域。数据仓库排除对于决策无用的数据,提供特定主题的简明视图。

数据仓库与联机分析处理技术的关系是互补的,现代联机分析处理系统一般以数据仓库为基础,即从数据仓库中抽取详细数据的一个子集并经过必要的聚集存储到联机分析处理存储器中供前端分析工具读取。基于数据仓库的 OLAP 体系结构包含三个层次:数据层、应用层和表现层。

(1) 数据层:实现对数据的抽取、转换、清洗和汇总,并存储在企业级的中心信息数据库或数据仓库中。

(2) 应用层:通过联机分析处理、数据挖掘等应用处理,实现对信息数据的分析。

(3) 表现层:通过前台分析工具,将查询报表、统计分析、多维联机分析和数据挖掘的结论展现在用户面前。

从应用角度来说,数据仓库系统除了联机分析处理外,还可以采用传统的报表,或者采用数理统计和人工智能等数据挖掘手段,涵盖的范围更广;就应用范围而言,联机分析处理往往根据用户分析的主题进行应用分割,例如:销售分析、市场推广分析、客户利率分析等,每一个分析的主题形成一个 OLAP 应用,而所有的 OLAP 应用实际上只是数据仓库系统的一部分。

四、数据可视化

数据可视化主要是在借助于图形化手段,清晰有效地传达与沟通信息。但是,这并不意味着数据可视化就一定因为要实现其功能用途而令人感到枯燥乏味,或者为了看上去绚丽多彩而显得极端复杂。为了有效地传达思想概念,美学形式与功能需要齐头并进,通过直观地传达关键的方面与特征,从而实现对于相当稀疏而又复杂的数据集的深入洞察。

然而,设计人员往往并不能很好地把握设计与功能之间的平衡,从而创造出华而不实的数据可视化形式,无法达到其主要目的,即,传达与沟通信息。

五、图表生成

数据可视化与信息图形、信息可视化、科学可视化以及统计图形密切相关。当前,在研究、教学和开发领域,数据可视化乃是一个极为活跃而又关键的方面。“数据可视化”这条术语实现了成熟的科学可视化领域与较年轻的信息可视化领域的统一。

数据可视化技术的基本思想,是将数据库中每一个数据项作为单个图元元素表示,大量的数据集构成数据图像,同时将数据的各个属性值以多维数据的形式表示,可以从不同维度观察数据,从而对数据进行更深入的观察和分析。

数据可视化中常用的图表包括:直方图、饼图、折线图、箱图、雷达图、标签云、气泡图、关系图、热图等。

1. 直方图

直方图(Histogram)又称质量分布图,是一种统计报告图,由一系列高度不等的纵向条纹或线段表示数据分布的情况。一般用横轴表示数据类型,纵轴表示分布情况。

直方图是数值数据分布的精确图形表示。这是一个连续变量(定量变量)的概率分布的估计,并且被卡尔·皮尔逊(Karl Pearson)首先引入。它是一种条形图。为了构建直方图,第一步是将值的范围分段,即将整个值的范围分成一系列间隔,然后计算每个间隔中有多少值。这些值通常被指定为连续的,不重叠的变量间隔。间隔必须相邻,并且通常是(但不是必须的)相等的大小。图 7-6 给出了一个直方图实例。

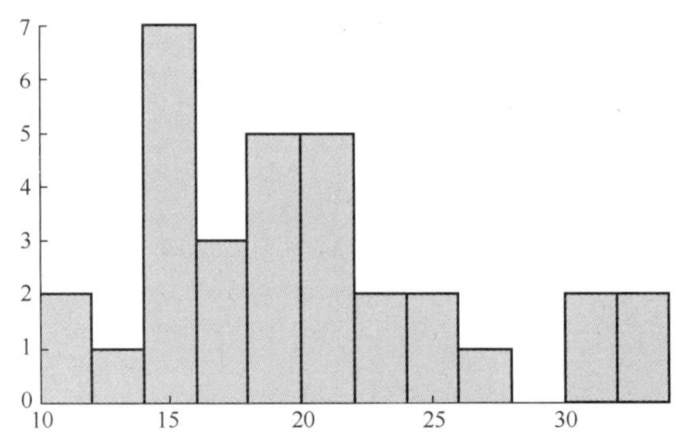

图 7-6 直方图实例

2. 饼图

饼图(Sector Graph)常用于统计学模块。2D 饼图为圆形,手画时,常用圆规作图。仅排列在工作表的一列或一行中的数据可以绘制到饼图中。饼图显示一个数据系列(数据系列:在图表中绘制的相关数据点,这些数据源自数据表的行或列。图表中的每个数据系列具有唯一的颜色或图案并且在图表的图例中表示。可以在图表中绘制一个或多个数据系列。饼图只有一个数据系列。)中各项的大小与各项总和的比例。饼图中的数据点(数据点:在图表中绘制的单个值,这些值由条形、柱形、折线、饼图或圆环图的扇面、圆点和其他被称为数据标记的图形表示。相同颜色的数据标记组成一个数据系列。)显示为整个饼图的百分比。图 7-7 给出了一个饼图实例。

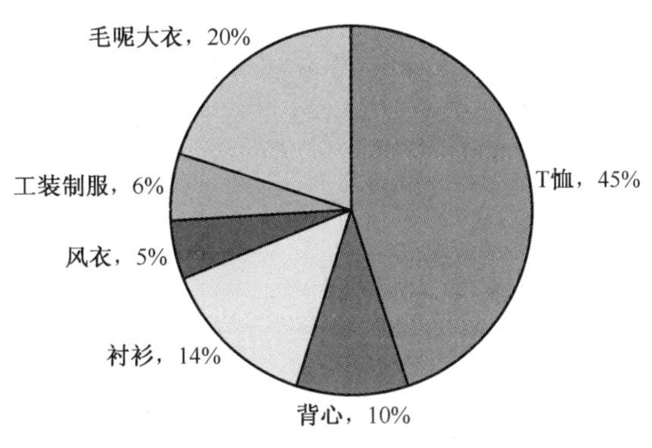

图 7-7　饼图实例

3. 折线图

折线图是排列在工作表的列或行中的数据可以绘制到折线图中。折线图可以显示随时间(根据常用比例设置)而变化的连续数据,因此非常适用于显示在相等时间间隔下数据的趋势。

在折线图中,类别数据沿水平轴均匀分布,所有值数据沿垂直轴均匀分布。如果分类标签是文本并且代表均匀分布的数值(如月、季度或财政年度),则应该使用折线图。当有多个系列时,尤其适合使用折线图——对于一个系列,应该考虑使用类别图。如果有几个均匀分布的数值标签(尤其是年),也应该使用折线图。图 7-8 给出了一个折线图实例。

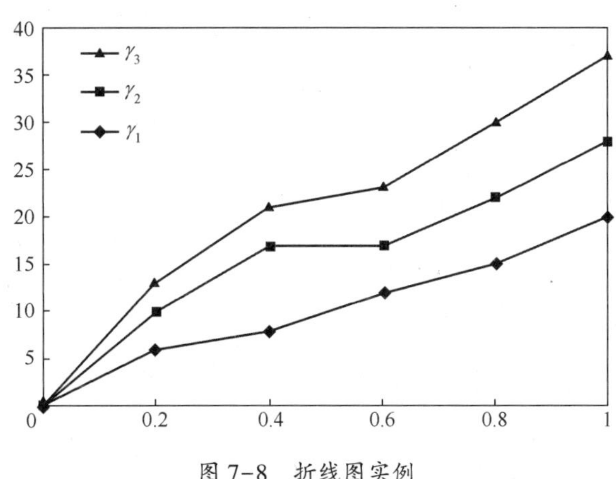

图 7-8　折线图实例

4. 箱图

箱图是一种显示数据离散状态的分析图形。箱图主要包含 6 个数据节点:上限、下限、上四分位、中位数、下四分位和异常值。在箱图中,箱子占据了样本数据的一半,因而箱子的宽度在一定程度上反映了数据的波动程度。箱图更容易识别数据异常。箱图将多批数据放在同一数据轴上,并排排列进行对比,使得样本数据特征的分析变得更加容易。图 7-9 给出了一个箱图实例。

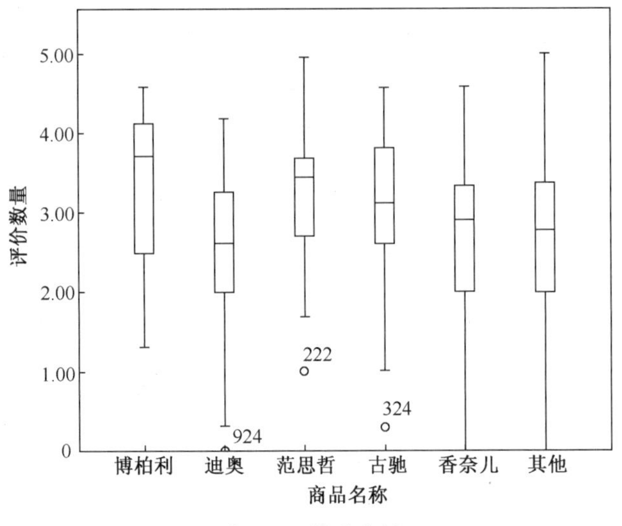

图 7-9　箱图实例

5. 雷达图

雷达图是一种应用于多维数据分析的图形，通过对多维数据进行分析，来探索问题的相关状态。通常维度应大于或等于四维。雷达图主要应用于财务分析，对企业经营状况的 5 类指标(流动性、生产性、安全性、收益性和成长性)进行评价，来综合评估企业的经营状况。使用雷达图之前，一般需要进行数据预处理，首先计算出所需分析维度的占比，然后进行绘图分析。

雷达图使用的样本数据，应该由一个或多个定性变量和多个连续型变量组成，因而雷达图能够进行多元多维度比较，更加形象直观地反映出数据特征。如果只是一组连续型变量，则更适合选择箱图来绘制图形。图 7-10 给出了一个雷达图实例。

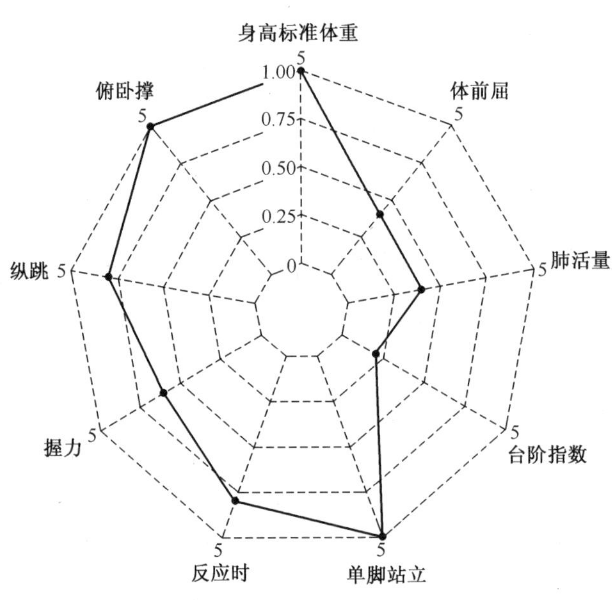

图 7-10　雷达图实例

6. 标签云

标签云是关键词的视觉化描述，是一套标签和与此对应的权重。一般的标签云含有30~150个标签，每个标签对应的权重影响标签的属性。标签云使用独立词汇，通过字号、颜色、排序和字体等属性，形象地体现标签的使用次数及热门程度等相关特性。

标签云是可以交互的，大部分标签都有一个超链接。标签云描述的特性并不能非常准确地呈现出来，因而标签云不适合那些对绘图结果要求非常准确的场景。图7-11给出了一个标签云实例。

图7-11 标签云实例

7. 气泡图

气泡图(Bubble Chart)是可用于展示三个变量之间的关系。它与散点图类似，绘制时将一个变量放在横轴，另一个变量放在纵轴，而第三个变量则用气泡的大小来表示。排列在工作表的列中的数据(第一列中列出x值，在相邻列中列出相应的y值和气泡大小的值)可以绘制在气泡图中。气泡图与散点图相似，不同之处在于：气泡图允许在图表中额外加入一个表示大小的变量进行对比。图7-12给出了一个气泡图实例。

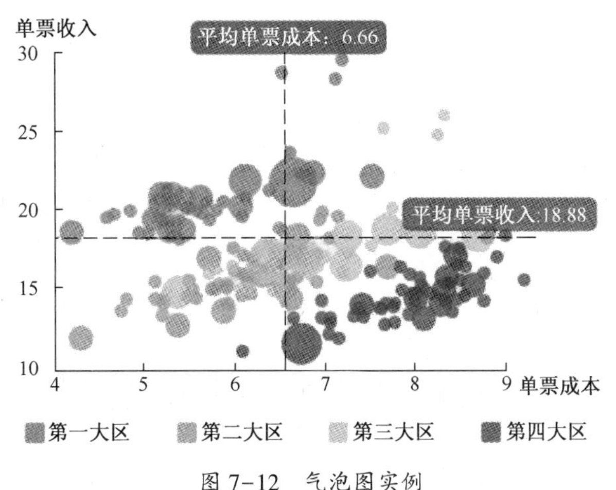

图7-12 气泡图实例

8. 关系图

关系图是使用连线的方式，将相关事物连接起来，表示事物相关性的图形，这里的相关性指的是事物之间复杂的逻辑关系。按照应用目的可分为：单一目的型和多目的型，而按照分布结构可分为中央集中型和单项汇集型。图7-13给出了一个关系图实例。

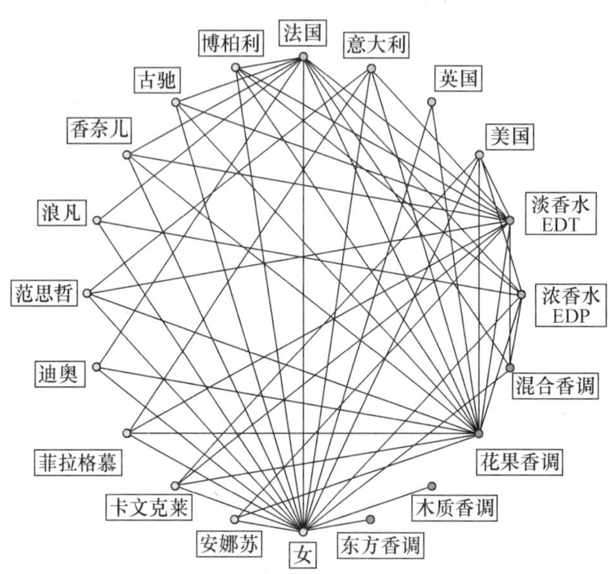

图 7-13 关系图实例

9. 热图

热图是一种表现数据热点的图形，以区域和颜色等视觉效果，形象地表现数据的密度、频率及热点等特征。热图仅仅表达的是数据之间的大概关系，并不能精确展现数据频率、热度等特征。热图可以视为地图的增强版，地图展现的是数据与地理位置之间的关系，而热图则是将地理位置广义化，以不同的区域块来区别。在 Web 领域，热图被用来检测页面的哪些部分对顾客具有吸引力，天气预报中的气温图也是典型的热图。

六、报表自动化

报表自动化是一种依赖报表服务器自动生成和发布报表的方式。报表服务器是一个完整的基于服务器的平台，它可以建立、管理、发布传统的基于纸张的报表或者交互的、基于 Web 的报表。产品模块化的设计方式和可扩展的应用编程接口（APIs）使得软件开发人员和企业可以将报表集成到已有的系统或第三方的应用中。

报表服务器支持完整的报表过程，从制作到发布以及持续的管理工作。报表服务器可以以多种格式建立静态与交互式的报表。开放的 APIs 和可扩展的体系结构支持与多种环境的解决方案相集成。基于 Web 的设计方式使得它可以很容易地扩展以满足大规模的环境。

报表服务器除了提供灵活的报表发布选项以外，还与数据库服务器及开发环境的紧密结合，使得报表开发比在其他环境下更加简便快速。同时，以 XML 形式产生报表这一功能使得报表可以容易地与其他应用程序和工具进行数据交换。

报表服务器提供了丰富的格式化和个性化功能。一个报表可以被自动转换成各种格式，而无需编写任何附加的代码。例如，可以以 HTML 的格式创建一个报表，并将其立即转换成 XML 文档、图、PDF 文件或 Excel 文件。这一功能使得不同用户可以选择自己喜欢的格式。报表服务器的体系结构如图 7-14 所示。

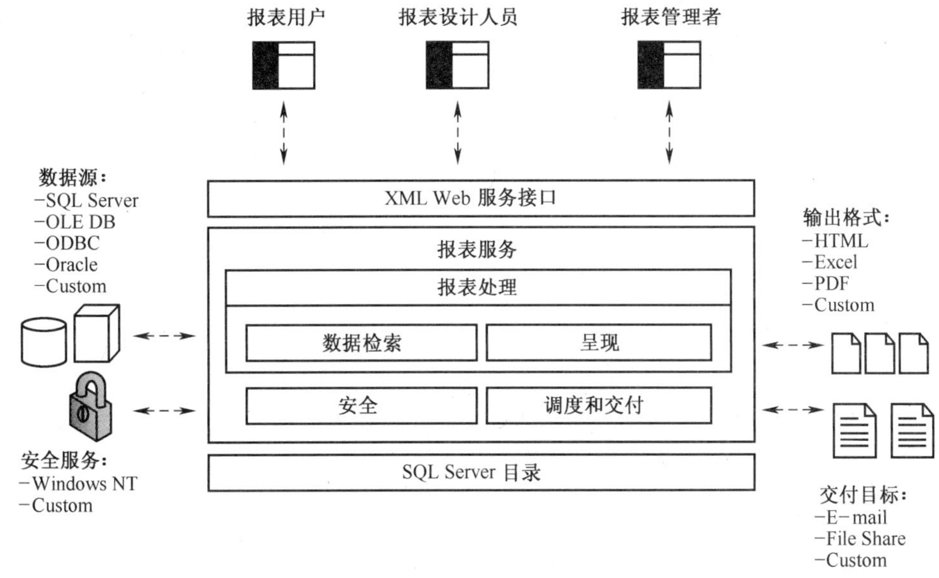

图 7-14 报表服务器的体系结构

本章小结

本章讲解了军事信息系统信息采集的具体内涵及其具体方法,同时给出了信息系统数据运用的几种典型形式,需要说明的是,联机分析处理、数据挖掘及数据可视化是本章学习的重点。

作业题

一、填空题

1. 从信息体系层次来看,信息体系应当包括________、________和________。

2. 信息的特征主要表现在________、________、________、________、________、________、________、________、________、________等几个方面。

3. 信息采集内容主要有________、________、________、________四个方面。

4. 计算机信息处理主要包括________、________、________、________、________、________、________、________等几个方面。

二、单项选择题

1. 音频文件的获取不包括( )。

A. 话筒录制　　B. 音效光盘复制

C. OCR 识别　　D. 多媒体课件摘取

2. 视频文件的获取不包括( )。

A. 摄像头获得　　B. 迅雷影音截取

C. 视频采集卡　　　　　　D. OCR 识别

三、简答题

1. 简述联机分析处理(OLAP)的概念。
2. 简述 OLAP 中维度的概念。
3. 简述 OLAP 中钻取、切片和切块、旋转的作用。
4. 简述数据挖掘的概念和主要任务。
5. 列举数据挖掘中主要的算法。
6. 列举数据仓库的概念和特点。
7. 简述数据可视化的概念,列举常用的图表形式。
8. 简述报表自动化的方法。

第八章　军事信息系统运行效能评估

实施军事信息系统运行效能评估的主要目的是探索利用科学方法,计算和分析军事信息系统在用户体验、用户满意度方面的整体水平。以用户使用军事信息系统时用户体验为出发点,从准确度、覆盖率、多样性和新颖性等角度,合理定义军事信息系统信息运行系统效能评价指标,全面反映信息系统运行的科学性、合理性和准确性,从而提升军事信息系统服务作战指挥、服务打仗备战的能力。

第一节　军事信息系统运行效能评估概述

近年来,军事信息系统的运行效能受到了广泛的关注,研制高效能的新型军事信息系统成为设计者和使用者共同追求的目标,开展军事信息系统作战效能的研究不仅能够促进先进高性能军事信息系统的发展,还可以促进战术技术水平的进步,同时也是一种多快好省的国防建设的有效方案,因此,开展系统运行效能评估的研究对我国国防事业的发展具有重要意义。

一、系统运行效能评估的含义

军事信息系统效能评估是一项涉及面很宽的系统工程,不同的人出于不同的目的对系统效能有不同的定义,但是各种不同的描述在本质上却具有共同性。归纳起来,军事信息系统的运行效能,就其狭义可定义为:评定军事信息系统自身的运行稳定性、时效性、用户友好性等;就其广义而言,它是指军事信息系统能成功地支持作战任务,满足作战需要的程度。

为了能够对信息系统作出科学评估,需要综合考虑信息系统的各个方面特性。

对军事信息系统进行全方位的评估,根据军事信息系统的性能、效能、经济性三个方面,把对军事信息系统的评估分为三类:

1. 经济性评估

经济性评估主要从研制信息系统的科技投资效益的角度考虑。从投资学角度来讲,建设这样的信息系统,将花费多少费用,是否符合需求方的支撑能力。在追求系统高效能的同时,投资费用却要受到限制,不能超出需求方的经济水平,故只能采取折中的办法。在投资前对多个备选方案分别进行经济性能评估,然后由决策者从中选择认为是最为可行的一种。经济性评估的主要内容就是费用预测。

2. 效能评估

系统效能是系统在规定的条件下满足给定量特征和服务要求的能力。它是系统的综合性能的反映,是系统的整体属性。效能评估,就是要对系统进行综合分析,把系统的各项性能与任务要求综合比较,最终得到表示系统的优劣程度的结果。

信息系统的效能可以细分为信息系统的自身效能和应用效能。自身效能是信息系统本身固有的性能,它体现了信息系统本身的完备性;应用效能是信息系统在应用过程中体现出的效能,是对社会的贡献。

信息系统运行效能评估具有五大要素:评估主体、评估对象、评估目标、评估手段(准则、方法、工具)、评估实施。

3. 性能评估

系统性能评估是对系统的单项指标的评估,与效能相比,系统性能是绝对的,针对于产品。而效能比较抽象,是针对于用户的。

信息系统运行效能评估主要任务主要包括:分析论证信息系统的组成规模和方案优劣;检验信息系统的完备性、一致性和正确性;论证信息系统内部要素的相互关系和对系统总体效能的影响;信息系统结构合理性分析,信息系统运行效能指标的灵敏度分析。

二、系统运行效能评估的目的

军事信息系统的运行效能评估是综合信息系统建设实践指南, 是将先进的信息化技术物化为军队作战能力的重要理论依据, 它不仅对于充实军事信息系统建设理论有重要意义, 而且有利于认清军事信息系统在作战中的地位和作用, 找出制约其效能发挥的因素, 为提高其自身和使用效能提供科学依据。军事信息系统的运行效能评估的具体目的如下:

(1) 可为军事信息系统提供设计决策。

(2) 可为军事信息系统的建设提供规划决策。

(3) 可为作战提供决策。

(4) 有利于突出军事信息系统在作战中的地位和作用。

(5) 有利于促进军事信息系统理论。

(6) 有利于充实和深化军事信息系统理论。

(7) 有利于提高系统设计和使用水平。

三、系统运行效能评估的作用

系统运行效能是指系统在规定的条件下满足给定定量特征和服务要求的能力。它是系统可用性、可信性及固有能力的综合反映。

评估应具有实用价值,这就要求评估的准则、评估的方法、评估的效能指标要面向用途,以评估目标为导向,考虑到不同层次评估主体的不同需求。

系统运行效能评估质量是指评估结果的可信度衡量,可通过可用性和可靠性来描述,可用性:指评估结果的可用性和一定有效性基础上的评估效率。系统运行效能评估可靠性:是指一定可利用性基础上的评估结果的正确性。

评估结果具有时效性,指应从发展的观点看待评估。由于情况条件的变化,认识的深入,系统运行效能评估结果有一定的变化,因此,评估应在实践中反复检验。

第二节 军事信息系统效能评估的主要指标

系统运行效能指标是在一定条件下得出的,具有一定的适应范围,使命任务和系统的配置不同,其评估对象的效能指标也不尽相同,效能指标值总体构成约束条件空间内的动态曲线。本节介绍军事信息系统效能评估的主要指标。

一、准确度指标

准确度指标是评价军事信息系统算法最基本的指标。它衡量的是系统所用的算法在多大程度上能够准确预测用户对信息系统的喜欢程度。准确度指标可以分为 3 类。

1. 预测评分的准确度

衡量推荐算法预测的评分和用户的实际评分的贴近程度。这个指标在需要向用户展示预测评分的系统中尤为重要。需要注意的一点是,即使一个推荐算法能够较成功预测出用户对其他信息的喜好排序,但它在评分准确度上的表现仍然可能不尽如人意,这也是商业领域的大部分推荐系统只向用户提供推荐列表而没有预测评分的主要原因。

预测评分的准确度指标有很多,如平均绝对误差(MAE)、均方根误差(RMSE)、归一化平均绝对误差(NMAE)和归一化均方根误差(NRMSE)等。它们的值越小,表示推荐系统的准确度越高。其中,RMSE 使用平方根惩罚,结果更为苛刻。NMAE、NRMSE 是 MAE、RMSE 的归一化为(0,1)间的值,便于不同应用之间具有可比性。

当用户在意推荐列表前端的误差时,或者推荐系统仅提供喜欢/不喜欢的选择信息,就不应采用评分准确度进行评估。

2. 预测评分关联

预测评分关联是用来衡量预测评分和用户真实评分之间的相关性的。最常见的 3 种相关性指标分别是 Pearson 积距相关、Spearman 相关和 Kendall' s Tau。Pearson 积距相关衡量的是预测评分与真实评分的线性相关程度;Spearman 相关衡量的是预测排名与真实排名的线性相关程度;Kendall' s Tau 与 Spearman 相关类似,衡量的是排名正序对数目与逆序对数目的统一程度,当所有运行结果对都是正序时,Kendall' s Tau 等于 1,当所有运行结果对都是逆序时,Kendall' s Tau 等于-1。

虽然预测评分关联计算较为简单,但是它们的缺点也比较突出,在运行系统评价中没有得到广泛应用。比如,以 Kendall' s Tau 为例,它给所有的排名偏差都分配相同的权重,在实际情况是用户更关心排名靠前的推荐结果,排名靠前的排名偏差带来的效能比靠后的排名偏差要高,对排在前面的信息推荐的准确度应该是更为敏感。

也有学者提出了改进的预测评分关联计算方法,可以解决上述 Kendall' s Tau 方法的不足之处。但是,所有的预测评分关联指标都只是关注于预测排序值,而不关注具体的预测评分值,所以它们都不适用于那些旨在为用户提供精确预测评分值的系统。因此,在指挥网站信息推荐系统需要为用户提供精确的预测评分时,不能使用该类型的评价指标。

3. 分类准确度

分类准确度指标衡量的是推荐系统能够正确预测用户喜欢或者不喜欢某条推荐信息的能力。它特别适用于那些有明确二分喜好的用户系统,即要么喜欢要么不喜欢。对于有些非二分喜好系统，在使用分类准确度指标进行评价的时候，往往需要设定评分阈值来区分用户的喜好。指挥网站发布的信息分类清晰、专业领域特性较强。用户在收到推荐的信息不属于他所在领域时，更多的表现为对该推荐结果的不喜欢或者不需要，所以基于分类准确度指标评价指挥网站推荐系统效能具有很强的实用性。

与预测评分的准确度不同的是，分类准确度指标并不是直接衡量算法预测具体评分值的能力，只要是没有影响信息分类的评分偏差都是被允许的。目前最常用的分类准确度指标有准确率（Precision）、召回率（Recall）、F_1 指标和 AUC 指标。

准确率。表示用户对系统推荐信息感兴趣的概率。在计算准确率的时候，常用的做法是设定推荐列表长度 L，根据预测评分对所有待预测信息排序，系统认为排在前 L 位的信息是用户最可能喜欢的，因此将它们推荐给用户。对于某一用户，其推荐准确率为系统推荐的 L 条信息中用户喜欢的信息条目所占的比例，表示为 $P(L)$ 。

召回率。表示一个用户喜欢的信息条目被推荐的概率，定义为推荐列表中用户喜欢的信息条目与系统中用户喜欢的所有信息条目的比率。对于在线评价，因为不能准确知道系统没有推荐的信息条目中哪些是用户喜欢的，因此很难准确计算出召回率，这种情况不适合使用召回率指标评价推荐系统的效能。召回率表示为 $R(L)$ 。

F_1 指标。同时考虑准确率和召回率，比较全面地评价推荐算法的优劣。准确率和召回率指标往往是负相关的而且依赖于推荐列表长度。一般情况下，随着推荐列表长度的增大，准确率指标会减小而召回率会增大。所以当一个系统没有固定的推荐列表长度时，就需要一个包含准确率和召回率的二维向量来反映系统的表现，即 F_1 指标。$F_1(L) = \dfrac{2P(L)R(L)}{P(L) + R(L)}$。

AUC 指标。对于没有明确二分喜好的推荐系统，不适用前 3 个分类准确度指标。而 AUC 指标，表示 ROC（Receiver Operator Curve）曲线下的面积，衡量一个推荐系统能够在多大程度上将用户喜欢的信息条目与不喜欢的信息条目区分出来。AUC 指标不受推荐列表长度和喜好阈值的影响，可以解决前 3 个分类准确度指标应用上存在的问题，因此被广泛应用于评价推荐系统中。也非常适用于指挥网站信息运行系统效能的评价。但是它也有使用方面的限制，比如在 ROC 曲线面积相同的情况下，该指标不能比较出推荐算法的好坏。

二、基于排序加权的指标

不同级别的指挥员在使用军事信息系统时，更希望快速准确地获取到他所需要的信息。同时，他也不会不厌其烦地检查推荐列表中的所有信息条目，所以指挥员体验指挥网站的满意程度往往受到指挥员感兴趣的信息出现在推荐列表中的位置的影响。基于排序加权的评价指标，突出推荐列表条目的排序位置，具有很强的实用性。主要有 3 种具体指标。

1. 半衰期效用指标（Half-life Utility，HLU）

在用户浏览信息的概率与该信息在推荐列表中的具体排序值呈指数递减的假设下提出的，它度量的是推荐系统对一个用户的实用性也即是用户真实评分和系统默认评分值的差别。系统的半衰期被定义为 50% 的概率用户会浏览的推荐列表的位置。当用户喜欢的信息推荐条目都被放在推荐列表前段时,用户的半衰期效用指标达到最大值。系统的半衰期为所用用户实际半衰期效用之和与用户最大半衰期效用和的商。系统半衰期值越大,系统推荐效能越大。

半衰期效能指标在使用上具有一定的局限性,表现为计算半衰期效能指标时的参数选择尚未统一标准,且用户浏览信息的概率与该信息在推荐列表中的具体排序值呈指数递减的假设并不是在所有的推荐系统中都适用。

2. 折扣累计利润(Discounted Cumulative Gain,DCG)

根据“用户喜欢的商品被排在推荐列表前面比排在后面会更大程度上增加用户体验”思想提出的指标。该指标以用户体验为出发点,计算推荐列表的效能。

3. 排序偏差准确率(Rank-biased Pricision,RBP)

假设用户往往先浏览排在推荐列表首位的信息,然后依次以固定的概率 p 浏览下一个,以 $1-p$ 的概率不再看此推荐列表。RBP 和 DCG 指标的唯一不同点在于 RBP 把推荐列表中商品的浏览概率按等比数列递减,而 DCG 则是按照 log 调和级数形式。

三、覆盖率指标

覆盖率指标是指算法向军事信息系统向用户推荐的信息条目能覆盖全部信息条目的比例,如果一个系统的覆盖率比较低,那么这个系统很可能会由于其范围的局限性而降低用户的满意度,因为低的覆盖率意味着用户可选择的信息很少。覆盖率尤其适用于那些需要为用户找出所有感兴趣的信息条目的系统。覆盖率可以分为预测覆盖率(Prediction Coverage),推荐覆盖率(Recommendation Coverage)和种类覆盖(Catalog Coverage)等 3 种。

(1) 预测覆盖率表示系统可以预测评分的信息占所有信息的比例。

(2) 推荐覆盖率表示系统能够为用户推荐的信息占所有信息的比例,显然这个指标与推荐列表的长度有关。推荐覆盖率越高,系统给用户推荐的信息种类越多,推荐多样新颖的可能性越大。如果一个推荐算法总是推荐给用户流行的信息,那么它的覆盖率往往很低,通常也是多样性和新颖性都很低的推荐。

(3) 种类覆盖率表示系统为用户推荐的信息种类占全部种类的比例。相比预测覆盖率和推荐覆盖率,种类覆盖率应用得还很少。在计算种类覆盖率的时候,需要事先对信息进行分类。仅用覆盖率来衡量推荐系统的表现是没有意义的,它需要和预测准确度一起考虑。

一个好的推荐系统应在保证推荐准确度的同时,尽量提高推荐覆盖率。一种更合理的推荐系统覆盖率评价指标应该符合以下几条标准:①能够同时考虑预测覆盖率(或推荐覆盖率)以及种类覆盖率;②对于用户比较喜欢的信息条目应赋予较高的权重;③能够在一定程度上结合预测准确率指标,从而减少评价的片面性。

四、多样性和新颖性

实际应用中,发现即使是准确率比较高的军事信息系统也不能保证用户对其结果满意。一个好的系统应该向用户提供准确率高并且又有用的信息。例如,系统提供了非常流行的信息给用户,虽然可能使得信息准确度非常高,但是对于这些信息用户很可能早已从其他渠道得到,因此用户不会认为这样的信息是有价值的。这时,需要使用多样性和新颖性指标,来弥补基于预测准确度的评价指标的不足。

1. 多样性

在信息系统中,多样性体现在以下两个层次,用户间的多样性(Inter-user Diversity),衡量信息系统对不同用户提供不同信息的能力;另一个是用户内的多样性(Intra-user Diversity),衡量信息系统对一个用户提供信息的多样性。

用户间的多样性可以用汉明距离来衡量。汉明距离(Hamming Distance)表示两个用户信息列表的不同程度。如果两个信息列表完全一致,那么汉明距离等于0,反之如果两个信息列表没有任何重叠,则汉明距离等于1。所有用户对的汉明距离的平均值定义为系统的汉明距离。汉明距离越大,表示系统的多样性越高。

2. 新颖性

除了多样性以外,新颖性也是影响用户体验的重要指标之一。它指的是向用户提供非热门非流行信息的能力。前面已经提到,提供流行的信息纵然可能在一定程度上提高了信息准确率,但是却使得用户体验的满意度降低了。度量信息新颖性最简单的方法是利用提供信息的平均度。信息列表中信息的平均度越小,对于用户来说,其新颖性越高。

新颖性计算的方法较多,如基于提供信息的平均度、基于系统的自信息量、基于提供信息的新颖率和考虑排序的推荐新颖性等。多样性和新颖性指标虽然计算简单,但是大都比较粗糙,且有一定的局限性,除了考虑排序的推荐新颖性计算方法考虑了推荐信息的预测排序值外,其他计算方法并没有涉及信息预测排序值以及排序偏差等因素,在使用上也具有一定的局限性,应结合准确度等其他评价指标综合运用。

第三节　军事信息系统运行效能评估原则与实施

军事信息系统运行效能评估是一个定性分析与定量分析相结合的过程,要对评估对象做出正确的测评,必须按照一定的评估原则和流程,依据科学的处理方法进行评估。本节开始介绍军事信息系统运行效能评估的一般原则、实施流程以及评估常用方法。

一、系统运行效能评估的一般原则

军事信息系统运行效能评估的原则和观点包括系统的观点、满意的观点以及目标和准则的观点。

(1) 系统的观点是指信息系统的效能不是系统各个子系统运行效能的简单总和,而是有机综合。

(2) 满意的观点是指信息系统是一个复杂的信息系统,严格数学意义上的系统最优概念是不存在的,只能求得满意的系统和可行的解。

(3) 目标和准则的观点是指系统的优劣是相对目标和准则而言的。

信息系统运行效能评估过程中,需要注意问题包括:所阐述的问题是否为实际性的问题;评估过程中所作假定的合理性问题;效能度量与任务目标的相称性问题;评估方案的合理性问题;评估模型正确性及敏感性问题;评估的可信度问题。

二、系统运行效能评估的实施流程

军事信息系统运行效能评估的流程如下:

1. 确定评估目标

以提升军事信息系统整体效能为出发点,综合考虑评估对象影响整体效能的主要因素,确定评估工作的目标。

2. 分析效能要素

根据确定好的评估目标,对影响评估效能的主要因素进行分析和归纳,提炼出若干效能要素及这些因素间的关联关系和关联程度。这些提炼出来的要素,将作为构建评估指标体系的主要依据。

3. 构建评估指标体系

在评估系统和指标体系框架的辅助下,以体现关键或主要效能因素为基准,遵循有关原则,构建合适的评估指标体系。出现在指标体系中的效能因素应具备代表性和不可或缺性,尽可能做到全面而简洁。

4. 求出各指标的状态值

评估数据的获取途径比较多,有些指标数据可从以往的战例中归纳总结获得,有些指标数据可以通过专家咨询等方法获得,有些指标数据可以借助于仿真技术来获取。

5. 单项效能评估

将各指标用云模型来表示,并求各指标云模型的期望值和熵。通过重心的变化情况对系统的单项效能进行评估。

6. 综合效能评估

在单项评估结果的基础上,从全面和系统的角度进行最终的综合分析与评估。综合评估的结果,即可作为对评估目标的一个度量标准。

7. 评估结果输出

将评估结果以字符、语言或图表的形式输出给用户。

三、系统运行效能评估常用方法

效能评估研究开始于第二次世界大战,在六七十年代取得重大的发展。自 20 世纪 60 年代开始,各国对军事信息系统效能开展了大量研究,并从不同的评估目的出发,针对不同的评估对象提出了多种多样的效能评估方法,大致可以分成以下几种。

1. 解析法

根据描述效能指标与给定条件之间的函数关系,以解析表达式来计算指标,根据数学方法求解建立效能方程。解析法以数学模型为基础,由评估分析人员根据系统设计、系统方案和系统的组成等,在规定约束条件下,预测系统性能,并把所得结果输入到效能评估模型中评定系统效能。具体方法有:WSEIAC(武器系统效能咨询委员会)模型,排队网络理论、信息论方法和目标规划方法等。

美国工业界武器系统效能咨询委员会是专门对武器效能进行研究的机构,其对武器系统效能的定义和开发的效能评估模型得到了广泛的关注和应用。WSEIAC 提出 ADC 方法用于武器系统综合效能评估,取得了广泛应用。但 ADC 方法是以系统状态划分及其条件转移概率为建模思想的,当它应用于系统状态数较多的复杂系统时,会出现矩阵维数的急剧“膨胀”,计算非常困难。

解析法的优点是公式透明性好,易于了解,计算简单。对于一些潜在问题,如体系

“瓶颈”、各分系统某些参量变化对整个体系效能的影响等，解析法能得出清晰的规律性的认识。

解析法的缺点在于建立数学模型的困难性，主要表现在：军事信息系统运行效能评估对象的范畴比较广，从战略级到战术级，都存在效能评估问题，对不同级别的系统，应用解析法建立数学模型的难度是不同的，体系级别越高，体系越复杂，指标之间的关系就越复杂，数学模型越难建立；即使对同一体系，其效能也受环境、任务等因素的制约，应用解析法建立的数学模型也有所不同。

2. 基于仿真的方法

基于仿真的方法是指用建模仿真技术建立系统的仿真模型并进行仿真实验，由实验得到系统数据，经过统计处理后得到军事信息系统效能指标评估值。根据仿真技术、手段的区别，军事信息系统效能评估方法主要有基于计算机仿真的方法、基于原型仿真的方法和基于仿真试验床的方法。三种方法中，基于计算机仿真的方法最有效、最易实现，所需费用少，并且仿真可重复性高，可以得到可信度更高的评价数据。

基于仿真的体系效能评估方法的优点是评估数据易于获取，数据可信度高；缺点是人力、物力、财力耗费大，虽然基于计算机仿真的方法经济性相对较好，但系统仿真模型建立存在一定的难度，必须有建模仿真工具的支持。

3. 作战模拟方法

用作战模拟方法评估军事信息系统效能与基于仿真的方法评估系统效能类似，不同的是顶层模型的区别。两者的基本实现技术是相同的。利用作战模拟方法进行军事信息系统效能评估，最主要的优势在于它可以利用仿真技术很全面地描述系统之间复杂的交互作用，从而可以有效地表达战场对抗体系内所有的协同作用以及对抗行为。最主要的缺点在于为了使体系对抗仿真能够运行起来，一般需要大量的详细信息，这就使得作战模拟系统变得巨大而复杂，只能模拟有限几个使命下的方案。

4. SEA 方法

20 世纪 80 年代，Levis 教授在研究 C^3I 系统效能过程中，提出了系统效能分析(System Effectiveness Analysis，SEA)方法，其本质是把系统的运行和系统要完成的使命联系起来，观察系统运行轨迹与使命所要求的轨迹相符合的程度，系统的运行轨迹与使命轨迹相重率高，则系统的效能高。美军十分重视应用 SEA 方法评估 C^3I 系统效能，开发了一系列基于 SEA 的仿真评估工具。SEA 方法必须借助一定的量化方法，把系统的组成、结构、行为及其性能参数，在系统运行过程中对性能度量的影响描述出来，从而体现它们对系统完成使命的作用。

5. 探索性分析方法

探索性分析是美国兰德公司在研究国防规划与武器装备论证问题时提出的一种方法，它与“情景空间分析”和“探索性建模”关系密切。这种方法是对各种不确定性要素所产生的结果进行整体研究。它全面分析了各种不确定要素对结果的影响。在一定意义上讲，这是一种更加全面的灵敏性分析。这种方法有助于在深入研究某个问题领域的细节之前，获得对该领域的全面把握，可以极大地辅助各种方案策略开发和选择，还可以阐明某种给定的能力(例如，一种改进后的武器系统或增强的指挥与控制系统)在“何时”(例如，什么环境下，以及对其他因素做哪些假设)是充分或有效的。同样也可以反过来分析,例如,在完成某项特定任务的需求,并在特定的环境因素基础上,相关的武器系统与指挥控制系统,需要什么样的能力以及应采用什么样的作战方案。

虽然探索性分析为解决复杂性问题带来了新途径,但是实现这种方法具有很大困难,如维数灾,计算量大,难以从大量数据中得出有价值信息等。这些都是多年来这种方法没有得到大规模应用的主要原因。目前,通常是在使用探索性分析前,要先使用传统灵敏度分析,以便确认策略空间中的重要变量。同时,需要解决高效建模与仿真手段、探索空间的优化技术、数据分析技术、先进计算技术等关键技术。

6. 综合评估方法

对于复杂的系统,其效能呈现出较为复杂的层次结构,有些较高层次的效能指标与其下层指标之间有相互影响,而无确定函数关系,这时只有通过对其下层指标进行综合才能评估其效能指标。常用综合评估方法有线性加权法、概率综合法、模糊综合评判法、层次分析法、多属性效用分析法等。综合评估方法的优点是使用简单,评估范围广,适用性强;缺点是受人的主观因素影响较大。

本 章 小 结

军事信息系统效能评估是一项涉及面很宽的系统工程,不同的人出于不同的目的对系统效能有不同的定义,但是各种不同的描述在本质上却具有共同性。归纳起来,军事信息系统的运行效能,就其狭义可定义为:评定军事信息系统自身的运行稳定性、时效性、用户友好性等;就其广义而言,它是指军事信息系统能成功地支持作战任务,满足作战需要的程度。

军事信息系统的运行效能评估的具体目的如下:可为军事信息系统提供设计决策;可为军事信息系统的建设提供规划决策;可为作战提供决策;有利于突出军事信息系统在作战中的地位和作用;有利于促进军事信息系统理论;有利于充实和深化军事信息系统理论;有利于提高系统设计、使用水平。

作 业 题

一、填空题

1. 对军事信息系统进行全方位的评估,一般根据军事信息系统的________、________和________三个方面进行。

2. ________是评价军事信息系统算法最基本的指标。它衡量的是系统所用的算法在多大程度上能够准确预测用户对信息系统的喜欢程度。

3. ________是影响指挥员体验指挥网站的满意程度,因为往往指挥员更希望他感兴趣的信息能出现在推荐列表中的位置。

4. ________是指通过算法向军事信息系统向用户推荐的信息条目能覆盖全部信息条目的比例。

5. 军事信息系统运行效能评估的原则和观点包括________、________以及________。

二、单项选择题

1. 综合评估方法的优点不包括(　　)。

A. 使用简单　　B. 评估范围广

C. 适用性强　　D. 人的主观因素影响大

2. 军事信息系统的运行效能评估的具体目的有(　　)。

A. 为军事信息系统提供设计决策,为系统的建设提供规划决策,也为作战提供决策

B. 充实和深化军事信息系统理论

C. 提高系统设计、使用水平

D. 以上都正确

3. 基于排序加权的评价指标,突出推荐列表条目的排序位置,具有很强的实用性。以下哪个选项不是基于排序加权的评价指标的具体指标(　　)。

A. 半衰期效用指标　　B. 覆盖率指标

C. 排序偏差准确率　　D. 折扣累计利润

4. 关于军事信息系统运行效能评估的原则和观点,下列说法不正确的是(　　)。

A. 系统的观点是指信息系统的效能不是系统各个子系统运行效能的简单总和而是有机综合。

B. 满意的观点是指信息系统是一个复杂的信息系统,严格数学意义上的系统最优概念是不存在的,只能求得满意的系统和可行的解。

C. 目标和准则的观点是指系统的优劣是相对目标和准则而言的。

D. 只要深入研究和开发,可以最终实现最优的系统。

三、简答题

1. 简述军事信息系统效能评估的概念。
2. 简述军事信息系统效能评估的目的。
3. 简述军事信息系统效能评估的作用。
4. 简述军事信息系统效能评估的一般原则。
5. 简述军事信息系统效能评估的实施流程。
6. 简述军事信息系统效能评估的常用方法。

第九章　军事信息系统用户支持与维护

用户支持作为一个军事信息系统管理中的服务内容,其重要性日益增强,它指的是军事信息系统用户支持团队提供现场、电话及电子邮件等形式的技术帮助,对不同的系统用户提供技术支持和帮助,回答用户的问题,针对用户的技术问题制定解决方案。本章主要介绍军事信息系统用户支持的概念、范围和内容,以及军事信息系统用户服务的分类、特点及意义。

第一节　用 户 支 持

用户支持一般包括技术上的维护和服务上的沟通。随着军事信息系统的普及应用,对用户支持的水平和质量要求越来越高,因此面对各种各样的用户,要有心理准备,会遇到各种各样的问题,而且需要在技术上比用户更迅速地进行更新。

一、用户支持的概念

系统用户支持首先需要解决的是从用户角度需要看清什么的问题,要确定用户能够看到的内容的范围。然后有针对性地提出相应的支持。为用户提供良好的支持环境,丰富其服务内容。

首先,应该设定软件服务支持的宗旨、服务目标和服务任务,只有明确了服务的方向才能找到军事信息系统用户支持的角度和方式。例如,IBM 提出软件升级与远程技术支持服务的目标是:及时、快速、可靠地解决在软件系统的维护过程中所遇到的技术问题,使用户的软件系统可以更加安全稳定地运行,以保障和促进用户业务的顺利开展并取得更大的成功,找准了服务目标和方向,才能确定准确的服务范围。

然后,就可以根据军事信息系统运用的宗旨、服务目标和服务任务,结合系统用户和用户支持的实际水平,确立用户角度看到的项目是怎么样的,确立相应的用户支持范围。从用户角度出发,确定用户角度看到的项目是怎么样的,会遇到些什么样的问题,这样才能找准军事信息系统用户问题的症结,及时快速解决用户的问题,让用户满意。同时,又要从实际水平出发,不能超出自身能力和水平给予用户一些不切实际的承诺,这只能招致用户的反感和不满。

确立好军事信息系统用户角度看到的项目,确立好用户支持的范围和手段后,就可以建立用户支持团队,准备相应的用户支持服务了。

二、用户支持的范围和内容

要提供用户支持,必须弄清对用户支持的是什么,通过哪些方式进行用户支持,即明确项目范围、清晰界定用户的需求。这点看似简单,但实际操作者却需要丰富经验,能够判断自己所拥有的资源;能够在既定时间内完成多少工作,能够与军事信息系统用户有技巧地讨论将其需求控制在最恰当的水平并维持到项目结束。

一般来说,用户支持应该先确定用户支持的范围。例如可以提供软件产品的安装、软件产品的基本日常维护和使用管理、软件产品的基本配置、软件技术问题的根源分析与诊断、提供软件本身问题的修正性软件、软件升级与远程技术支持基础服务等范围内的软件服务。

用户支持包括如下内容:

(1) 升级服务。在一定条件内军事信息系统用户可根据自己的需要升级到新的版本和移植到新的平台。

(2) 技术支持服务。提供基于网络的电子化支持,提供 5×8h 及 7×24h(仅限严重程度的问题)远程电话支持服务等。

(3) 远程热线支持服务。提供基于网络的电子化支持,7×24h 远程电话支持服务等。

(4) 全面维护支持服务。提供基于网络的电子化支持,提供 7×24h 远程电话支持服务,提供用户现场技术服务。

(5) 用户教育培训服务。对于用户提供系统的使用培训,制定相应的教育培训计划,提供相关人员进行实施。

(6) 提供帮助服务台,解决军事信息系统用户的一些常见问题。例如,设定“常见问题解答”,用户可通过电子邮件、ftp(文件传送)以及有关的讨论小组获得这些服务信息。在采用这种方法提供用户支持时,须遵循问题与解答必须简明扼要、文件的开头应列出所有的问题以及及时更新信息三大原则。

此外,一个较为先进的用户支持 Web 网站至少要包括以下功能:

(1) 可提供技术支持最新消息,用户只要用鼠标单击有关按钮,就能够连接到包括新产品、新技术以及新内容的超文本文件;

(2) 可提供解决各种技术问题的答案,用户能简捷地从问题解决信息库找到最新的解决方案;

(3) 可提供邮递表功能,用户可以通过电子邮件订阅系统管理者发布的快讯或简报。管理员利用邮递表工具,自动将最新的用户支持信息定期发送到用户的电子邮箱;

(4) 可向用户提供浏览其他有关信息的链接,用户可通过 Web 网站去浏览分布在网络上与解决当前问题有关的各种信息。

第二节 军事信息系统用户服务

根据军事信息系统的特点以及用户支持的目标,军事信息系统的用户服务采用用户咨询、服务台和人员培训等方式结合进行。本节将详细介绍军事信息系统用户服务的分类、特点及意义。

一、军事信息系统用户服务分类及特点

军事信息系统用户服务主要采用以下三种方式。

1. 用户咨询

总的说来,用户咨询服务的主要目的是:以各种方式帮助用户利用它所提供的各种资源和服务,更好地使用系统。

要准备一个可以运行的用户咨询服务,必须要先准备好用户服务的环境。例如,要在网上提供用户咨询,应该准备好相应的服务器、用户服务人员,在线问答方式等,才能够为用户提供相应的咨询服务。

一般来说,主要提供下列用户咨询方式。

1) 直接咨询服务

直接咨询方式是常见的咨询方式,它指的是设立专门的用户咨询部,接受用户的咨询。

一般来说,这些工作人员具有一定的专业知识与用户咨询服务知识。这种方式具有下列优点:用户亲自到系统管理部门提出咨询问题,与服务人员进行面对面的交流与沟通,便于服务人员清楚明了用户的真实意图与要求,有利于问题的解决。对一些重要问题的咨询,多是通过这种方式进行。这种方式的缺点是:用户必须亲自到系统管理部门,它无法对远距离用户提供服务;另外,它对一些不擅长口头表达的用户,也会有不便。

2) 电话服务

电话方式可以方便地服务于远距离用户,让用户不必亲自到系统管理部门来而是通过电话提出咨询问题,工作人员记录问题并进行回答。这种方式的条件是必须在系统管理部门有专门的咨询中心安装供用户咨询的电话,并有专门的服务人员负责接听。这种服务方式的优点:能远距离提出问题,免去距离带来的不便;同时,电话交谈可以进行语言沟通,杜绝许多问题的歧义。但缺点也是明显的,即服务时间有限,由于咨询问题的难易程度不一样,咨询人员对问题的解答可能不及时或最终解答时间不能确定。往往会导致用户不能在某一确定时间获取答案,造成用户进行多次电话询问。

3) 公告板或讨论组

由于网络技术的发展与应用,现在可采用公告板系统或讨论组形式。这种形式的具体做法是,系统管理网站提供这些功能,用户可以自由地在这些系统中提出自己的问题,并将问题发布在网页上。咨询人员则定期浏览、回答用户的问题,如不能回答,也可将其发往讨论组中或咨询其他部门的专业人士,寻求问题的答案。这方面形式多样,如有FAQ(常见问题解答)、Q&A(问题与解答)、网上咨询、论坛等。这种方式的优点是:用户只要能够连接咨询网页,均可发布自己的咨询要求,并且由于是文字提交方式,用户有较多时间仔细考虑问题提出的细节与要求,一般提问会较为准确。咨询人员回答方便且时间充裕,它能通过电子邮件或仍以公告板的方式将答案返回给军事信息系统用户。这些问题的解答也可以长时间地被保留在网络中,对某一类具有代表性的问题,可以起到同时解答多人的作用,并形成数据库。它的缺点是:很难回答一些隐密性强的问题(网页上不便发布的)。

4) 电子邮件

电子邮件方式是最普通也是最常用的一种咨询服务方式,它主要在网站主页或某些网页上设立“参考咨询”或“询问相关人员”链接,通过该链接可将咨询问题以电子邮件方式发送给相应的咨询人员,咨询人员以电子邮件方式将答案返回用户。它的优点:具有很好的方便性和隐秘性,用户只要有自己的电子信箱,就可以通过这种方式提出咨询要求,用户有足够的时间整理自己的提问。同时自己的问题要求,也不会为别人所获知。

对于远距离的不能亲自到系统管理部门咨询的用户,较为便利。但是这种方式可能会由于处理时间的原因,用户对于咨询问题所获得的回答会不及时,有一定时间差,对于用户的帮助会显得较迟;再者,这种方式必须有电子邮件信箱才能接受服务,不是交互式的,从问题提出到收到咨询结果,这中间可能出现的一些误差、歧义无法得到及时的纠正与再答复。

除此之外,还有许多别的咨询服务方式,例如,网上表格、网上实时咨询服务、网络会议咨询服务、专家咨询服务、合作的数字参考服务等方式。

2. 帮助服务台

服务台,即通常所指的帮助台和呼叫中心,是一种服务职能而不是管理流程。对服务提供方而言,服务台可以处理很多用户的请求和询问,节约资源并及时向军事信息系统用户传递有关服务的各种情况;对用户而言,在碰到任何问题或疑问时,只要通知和联系服务台,就可以由服务台指导和协调下一步工作。

服务台拓展了服务的范围,通过提供一个集中的服务联络点促进了组织业务流程与服务管理基础架构的集成。它不仅负责处理事故、问题和询问,同时还为其他活动和流程提供接口。包括用户变更请求、维护合同、软件协议、服务级别管理、配置管理、可用性管理和持续性管理等。

具体而言,服务台的主要职能是:

(1) 接受用户请求(可以通过电话、传真、电子邮件等)。

(2) 记录并跟踪事故和用户意见及时通知用户其请求的当前状况和最新进展。

(3) 根据服务级别协议,初步评估用户请求,尽力解决它们或将其安排给有关人员解决。

(4) 根据服务级别协议要求,监督规章制度的执行情况并在必要的时候对其进行修改。

(5) 对用户请求从提出直至验证和终止的整个过程进行管理。

(6) 在需要短期内调整服务级别时及时与用户沟通。

(7) 协调二线支持人员和第三方支持小组。

(8) 提供管理方面的信息和建议以改进服务绩效。

(9) 根据用户的反馈发现系统运行过程中产生的问题。

(10) 发现用户培训和教育方面的需求。

(11) 终止事故并与用户一道确认事故的解决情况。

服务台是服务提供方和用户的日常联络处,负责报告事故和处理服务请求,它与多个服务管理流程密切相关服务台负责跟踪记录各种事故,并负责协调二线支持小组和三线支持小组处理和解决事故,与事故管理关系紧密;同时它参与了配置管理等记录事故、验证事故记录正确性的活动;发布管理时收取软硬件安装费用也需要服务台的帮助:服务台还可以协助实施变更管理,如通知用户有关情况,在一定范围内代为实施变更。

服务台的分布模式主要有分布式、集中式和虚拟式三类。

服务台人员的素质要求是服务台的任务和结构决定的，通常有下列几类服务台人员。

(1) 接线员。这类人员只记录呼叫，不提供解决办法。而只是把呼叫转移给特定的部门。

(2) 初级服务员。按照标准规程记录、处理或转呼。

(3) 中级服务员。可按照文档化的解决方案处理许多事故，当不能解决时把事故转移给相应的支持小组。

(4) 高级服务员。拥有系统基础架构方面的专业知识和经验，能够独立解决大部分的事故。

用户满意度是评价服务台工作的主要指标，可以从下面几个方面进行评价：

(1) 电话应答是否迅速。

(2) 呼叫是否按时传送给二线支持。

(3) 是否按时恢复服务。

(4) 是否及时通知用户正在实施的变更和将来需要实施的变更。

(5) 首次修复率。

(6) 服务台人员接电话是否有礼貌。

(7) 用户是否得到预防事故发生的建议。

3. 人员培训服务

军事信息系统管理工作还应重视对用户进行人员培训。为了使用户可以更好地掌握系统的使用，可专门设立培训课程和认证服务，定期开设集中的培训课程，也可为用户提供特别的现场培训服务。

系统管理部门通过专业化的培训，全方位地传递系统管理理念和方法。讲师一般由经验丰富的专家和有实践经验的咨询顾问组成。课程应是系统使用经验的总结和提炼，可操作性强，能够在培训后将所学内容运用到实际工作中，从而帮助用户全面提高使用和管理系统的能力。

一般地，培训可以分为：

(1) 管理员的培训。对管理人员的培训着重于理解系统管理的真正含义和方法。

(2) 使用人员级的培训。使用人员即操作员，对他们培训的目的是为了让使用人员真正能使用系统，能担当业务，并确保各个环节不出问题，为稳步获取效益做出保障。

(3) 系统维护员的培训。系统维护员是整个系统的工作除了日常例行的事务外，还要能够处理许多意外的情况，例如，数据出现混乱、差错、数据库系统、操作系统发生故障以及计算机硬件设备方面的故障。对于处理不了的问题，要能够正确地记录下有关信息及现象并与有关方面取得联系，以造成损失最小的方式加以解决。所以系统维护员应当具有足够的操作系统、数据库系统、计算机网络、计算机硬件等知识储备，另外系统维护员还必须了解军事信息系统的各个业务流程。

培训可以采取下列方式：

(1) 职业模拟培训模式。职业模拟就是假设一种特定的工作情景，由若干个受训者组织成小组，代表不同的组织或个人扮演各种特定的角色。他们要针对特定的条件、环境及工作任务进行分析、决策和运作。这种职业模拟培训旨在让受训者身临其境，以提高自身的适应能力、处理工作能力和实际工作能力。

(2) 实际操作培训模式。在实际运作中教会大家如何操作。

(3) 沙盘模拟培训模式。将内容简化在沙盘上,教会大家使用。

人员培训作为一种重要的服务步骤已成为军事信息系统管理过程中不可或缺的一部分。

二、军事信息系统用户服务的意义

随着技术的发展,用户的需求是在不断增长和变更的,任何管理者都无法完全满足用户的需求,任何需求和服务都在不断完善中。对于军事信息系统用户提出的以前并没有发现的需求,应予以标识、记录在案,为以后的系统改进做准备。标识用户的新需求应先标识用户需要哪些信息,需要的时间和人力,以及以何种格式来显示。这将帮助管理者先了解这些用户的需求是否能得到满足,找到不当之处。然后提示,确保已标识所有用户需求,并与用户一起进行讨论和测试。输入相应数据,使用报表查看数据。通过一系列用户服务,既可以提高用户的满意度,反之也可以促进系统的持续改进。

第三节　军事信息系统维护的主要内容

在军事信息系统的整个使用寿命中,都将伴随着系统维护工作的进行。系统维护的目的是要保证管理信息系统正常而可靠地运行,并能使系统不断得到改善和提高,以充分发挥作用。因此,系统维护的任务就是要有计划、有组织地对系统进行必要改动,以保证系统中的各个要素随着环境的变化始终处于最新的、正确的工作状态。

随着信息系统应用的深入,以及使用寿命的延长,系统维护的工作量将越来越大,但系统维护是信息系统可靠运行的重要技术保障,必须给予足够的重视。

系统维护是面向系统中各个构成因素的,按照维护对象不同,系统维护的内容可分为以下几类。

1. 系统应用程序维护

应用软件维护是系统维护的最主要内容。它是指对相应的应用程序及有关文档进行修改和完善。系统的业务处理过程是通过应用程序的运行而实现的,一旦程序发生问题或业务发生变化,必然引起程序的修改和调整,因此系统维护的主要活动是对程序进行维护。

2. 数据维护

数据库是支撑业务运作的基础平台,需要定期检查运行状态。业务处理对数据的需求是不断发生变化的,除了系统中主体业务数据的定期正常更新外,还有许多数据需要进行不定期更新,或随环境或业务的变化而进行调整,以及数据内容的增加、数据结构的调整。此外,数据的备份与恢复等,都是数据维护的工作内容。

3. 代码维护

代码维护是指对原有的代码进行的扩充、添加或删除等维护工作。随着系统应用范围的扩大,应用环境的变化,系统中的各种代码都需要进行一定程度的增加、修改、删除,以及设置新的代码。

4. 硬件设备维护

主要是指对主机及外设的日常维护和管理，如机器部件的清洗、润滑，设备故障的检修，易损部件的更换等，这些工作都应由专人负责，定期进行，以保证系统正常有效工作。

5. 机构和人员的变动

信息系统是人机系统，人工处理也占有重要地位，人的作用占主导地位。为了使信息系统的流程更加合理，有时涉及到机构和人员的变动。这种变化往往也会影响对设备和程序的维护工作。

一、改正性维护

由于系统测试不可能揭露系统存在的所有错误，因此在系统投入运行后频繁的实际应用过程中，就有可能暴露出系统内隐藏的错误。诊断和修正系统中遗留的错误，就是纠错性维护。纠错性维护时在系统运行中发生异常或故障时进行的，这种错误往往是遇到了从未用过的输入数据组合或是在与其他部分接口处产生的，因此只是在某些特定的情况下发生。有些系统运行多年以后才暴露出在系统开发中遗留的问题，这是不足为奇的。

二、适应性维护

适应性维护是为了使系统适应环境的变化而进行的维护工作。一方面计算机科学技术迅速发展，硬件的更新周期越来越短，新的操作系统和原来操作系统的新版本不断推出，外部设备和其他系统部件经常有所增加和修改，这就必然要求信息系统能够适应新的软硬件环境，以提高系统的性能和运行效率；另一方面，信息系统的使用寿命在延长，超过了最初开发这个系统时应用环境的寿命，即应用对象也在不断发生变化，机构的调整，管理体制的改变、数据与信息需求的变更等都将导致系统不能适应新的应用环境。如代码改变、数据结构变化、数据格式以及输入/输出方式的变化、数据存储介质的变化等，都将直接影响系统的正常工作。因此有必要对系统进行调整，使之适应应用对象的变化，满足用户的需求。

三、完善性维护

在系统的使用过程中，用户往往要求扩充原有系统的功能，增加一些在软件需求规范书中没有规定的功能与性能特征，以及对处理效率和编写程序的改进。例如，有时可将几个小程序合并成一个单一的、运行良好的程序，从而提高处理效率；增加数据输出的图形方式；增加联机在线帮助功能；调整用户界面等。尽管这些要求在原来系统开发的需求规格说明书中并没有，但用户要求在原有系统基础上进一步改善和提高；并且随着用户对系统的使用和熟悉，这种要求可能会不断提出。为了满足这些要求而进行的系统维护工作就是完善性维护。

四、预防性维护

系统维护工作不应总是被动地等待用户提出要求后才进行，应进行主动的预防性维护,即选择那些还有较长使用寿命,目前尚能正常运行,但可能将要发生变化或调整的系统进行维护,目的是通过预防性维护为未来的修改与调整奠定更好的基础。例如,将目前能应用的报表功能改成通用报表生成功能,以应付今后报表内容和格式可能的变化,根据对各种维护工作分布情况的统计结果,一般纠错性维护占21%,适应性维护工作占25%,完善性维护达到50%,而预防性维护以及其他类型的维护仅占4%,可见系统维护工作中,一半以上的工作是完善性维护。

五、支援性维护

系统开发投入运行之后,为了使用户可以更好地掌握系统的使用,可专门定期开设集中的培训课程,也可为用户提供特别的现场培训服务。

本章小结

本章主要介绍军事信息系统用户支持的概念、范围和内容,阐述了军事信息系统用户服务的分类、特点及意义。用户支持是指军事信息系统用户支持团队提供现场、电话及电子邮件等形式的技术帮助,对不同的系统用户提供技术支持和帮助,回答用户的问题,针对用户的技术问题制定解决方案。军事信息系统用户服务类型有用户咨询、帮助服务台和人员培训服务,随着技术的发展,用户的需求是在不断增长和变更的,任何管理者都无法完全满足用户的需求,任何需求和服务都是在不断完善中的,通过一系列的用户服务,提高用户的满意度的同时,也可以促进系统的不断改进。

作业题

一、填空题

1. ________首先需要解决的就是从用户角度需要看清什么的问题,要确定用户能够看到的内容的范围。然后有针对性地提出相应的支持。为用户提供良好的支持环境,丰富其服务内容。

2. 用户支持类型有:________、________、________和________。

二、单项选择题

1. 军事信息系统用户服务分类不包含(　　)。

A. 用户咨询　　　　B. 帮助服务台

C. 人员培训　　　　D. 人员管理

2. 关于军事信息系统用户服务,下列说法正确的是(　　)。

A. 通过一系列用户服务,既可以提高用户的满意度,反之也可以促进系统的持续改进。

B. 用户服务增加信息系统运营成本,吃力不讨好。

C. 用户提出的问题,处理结束就完成了,不需要记录。

D. 用户对信息系统整体情况并不了解,不需要用户参与需求的讨论。

三、简答题

1. 什么是用户支持？
2. 用户支持有哪些内容？
3. 简述军事信息系统用户服务主要采用的方式、特点及意义。
4. 简述军事信息系统维护的主要内容和特点。

参 考 文 献

[1] 马建锋．计算机软硬件技术基础[M]．陕西:国防科技大学信息通信学院试验训练基地,2018.

[2] 周宁．信息组织[M]．武汉:武汉大学出版社,2017.

[3] 张传富．军事信息系统[M]．北京:电子工业出版社,2017.

[4] 军队院校军事通信与信息系统教学协作联席会．军事信息系统基础[M]．北京:解放军出版社,2017.

[5] 蒋序平,程安潮．军事信息系统管理与运用[M]．武汉:通信指挥学院,2012.

[6] 国防科学技术大学信息系统与管理学院．军事信息系统概论[M]．北京:军事科学出版社,2014.

[7] 张红娟,傅婷婷．数据库原理[M]．西安:西安电子科技大学出版社,2016.

[8] 谢霞冰．数据库原理及应用[M]．上海:上海交通大学出版社,2016.

[9] 柳遵梁,潘敏君,应以峰．Oracle 数据库性能优化方法论和最佳实践[M]．北京:机械工业出版社,2016.

[10] 兰巨龙．网络安全传输与管控技术[M]．北京:人民邮电出版社,2018.

[11] 李世银,李晓滨．传输网络技术[M]．北京:人民邮电出版社,2018.

[12] 阿图尔·卡哈特．密码学与网络安全[M]．金名,等译．北京:清华大学出版社,2018.

[13] 田果,刘丹宁,余建威．网络基础[M]．北京:人民邮电出版社,2017.

[14] 沈庆国,邹仕祥,陈茂香．现代通信网络[M]．北京:人民邮电出版社,2017.

[15] 沈向余．H3C 路由器交换机配置技术[M]．西安:西安通信学院,2014.

[16] 王春东．信息安全管理与工程[M]．北京:清华大学出版社,2016.

[17] 周波,潭芳敏．安全管理[M]．北京:国防工业出版社,2015.

[18] 闫宏生,肖治庭．军事信息安全管理研究[M]．北京:军事科学出版社,2014.

[19] 牛少彰．信息安全导论[M]．北京:国防工业出版社,2010 .

[20] 吴敏文,杨耀辉．军队信息化应用知识[I]．北京:军事谊文出版社,2010.

[21] 军械标准化管理人员培训教材[M]．北京:解放军出版社,1990.

[22] 孔宪伦．军用标准化[M]．北京:国防工业出版社,2003.

[23] 刘云海,王志国．部队装备科学化管理概论[M]．北京:军事科学出版社,2005.

[24] 韩彬霞,曹领祺．指挥信息系统作战运用与训练[M]．北京:解放军出版社,2017.

[25] 王晋东．信息系统安全风险评估与防御决策[M]．北京:国防工业出版社,2017.

[26] 陈萍,张涛,赵敏．信息系统安全[M]．北京:清华大学出版社,2016.

[27] 张靖男．基于标准化原理的 HLA 规范分析[D]．长沙:国防科学技术大学,2002.

[28] 程启月．作战指择决策等分析[M]．北京:军事科学出版社,2008.

[29] 沈树章,汪勇,等．通信兵作战指挥学[M]．北京:解放军出版社,2009.

[30] 陈禹,殷国鹏．信息系统管理工程师教程[M]．北京:清华大学出版社,2006.

作业题参考答案

第一章

一、填空题

1. 输入、存储、处理、输出、控制

2. 信息基础设施、指挥控制系统、侦察监视情报系统、其他支援保障信息系统

3. 信息获取、信息传递、信息处理、信息存储、信息分发、信息使用

4. 自适应

二、单项选择题

1. B　2. A　3. D

三、简答题

1. 军事信息系统管理在军队信息化建设中有何意义?

答:科学管理对充分发挥军事信息系统效能,保证系统安全可靠的工作,有着十分重要的意义。

意义:(适当展开叙述)

(1) 科学管理是军事信息系统工作中一件根本性、经常性的工作;

(2) 科学管理是军事信息系统安全可靠工作的保证;

(3) 科学管理是保持和发挥军事信息系统效能的重要途径。

2. 军事信息系统管理有哪些方法?

答:(1) 计划管理;

(2) 过程管理;

(3) 责任管理;

(4) 虚拟管理;

(5) 自适应管理。

3. 军事信息系统管理的职能?

答:(适当展开叙述)

(1) 计划职能;

(2) 组织职能;

(3) 指挥职能;

(4) 控制职能;

(5) 协调职能。

军事信息系统管理的五个基本职能,是相互联系、相互制约的有机整体。通过计划职能明确目标和任务,拟定具体实施计划;通过组织职能,建立相应的机构,为目标的实现提供组织保证;通过指挥职能,调动各方面的积极性;通过协调职能,调节各种关系,协同各

个部门的工作;通过控制职能,检查计划的完成情况,及时纠正偏差。以上管理活动中的五项职能,环环相扣,灵活运转,保证计划目标的实现。

4. 军事信息系统管理的特点?

答:(适当展开叙述)

(1) 军事信息系统管理涉及的单位多、协调面广;

(2) 军事信息系统管理涉及的内容多、技术含量高、组织复杂;

(3) 军事信息系统管理具有全时域性,对管理工作要求高;

(4) 军事信息系统管理工作可供借鉴的现成经验少。

第二章

一、填空题

1. 组织目标、组织成员、组织结构

2. 总体方案、分系统方案

3. 具体体现、基本依据、作战保障计划范畴

4. 系统业务主管部门人员、专业技术保障力量、系统用户、系统开发人员

二、单项选择题

1. A　2. D　3. B

三、简答题

1. 组织管理的工作内容包括哪些?

答:组织管理的工作内容,概括地讲,包括四个方面:

(1) 确定实现组织目标所需要的活动,并按专业化分工的原则进行分类,按类别设立相应的工作岗位;

(2) 根据组织的特点、外部环境和目标需要划分工作部门,设计组织机构和结构;

(3) 规定组织结构中的各种职务或职位,明确各自的责任,并授予相应的权力;

(4) 制订规章制度,建立和健全组织结构中纵横各方面的相互关系。依据制度经济学,“道”是理想与“器”是体制;企业管理的政策制度化,才能实施可操作性管理。

2. 军事信息系统的运行总方案的主要内容有哪些?

答:军事信息系统的运行总方案的主要内容包括:军事信息系统的组成形式,力量使用,编组方法和任务,各分系统的编组、配置和任务区分,遂行任务的基本方法,人员、装备器材调整补充方法,系统防护、管理、保障的组织、完成系统开设的时限等。

3. 在组织军事信息系统配置时,应把握哪几个方面问题?

答:在组织系统配置时,应着重把以下几个方面:

(1) 便于发挥整体效能。由于系统的组成复杂,其具体的编组和配置将直接影响系统运行整体效能的发挥。因此,系统的配置首先应着眼于发挥系统运行的整体效能。

(2) 便于保障重点。军事信息系统的运行,应集中力量于主要方向、重要时节和执行主要任务的部队等,以实施重点保障;同时还要对整个系统的关键部位、节点和设备等实施重点保障。

(3) 便于各分系统之间的技术连接和相互协调。由于军事信息系统的分系统和设备种类多,技术连接复杂,加之各分系统涉及的部门多,其各自的任务和性能特点不同,需要协调的工作很多。为此,军事信息系统的配置,应便于各分系统之间的技术连接和相互协调。

(4) 便于隐藏、伪装和机动。系统配置隐蔽、伪装严密、便于机动,就能有效地提高系统的生存能力,使系统安全、稳定。

(5) 能有效避免各种干扰。随着信息技术的高速发展和广泛应用,高密度、宽频谱的电磁信号充满整个战场,构成了极其复杂的电磁环境,电磁干扰越来越普遍,从而给军事信息系统提出了严峻挑战。因此,在配置军事信息系统时,要注意有效避免各种干扰和相互影响,尽量减少和避免系统内部和外部、敌方和己方的干扰,提高整个系统配置的合理性和电磁兼容能力。

第三章

一、填空题

1. 人工管理阶段、文件系统阶段、数据库系统阶段
2. 数据库
3. 一对一、一对多、多对多
4. 数据结构化、数据共享、数据独立性和可控冗余度
5. 关系数据结构、关系操作集合、关系完整性约束
6. Oracle
7. Linux、Windows
8. SQL
9. SQL 语句集

二、单项选择题

1. A 2. B 3. D 4. D 5. A

三、简答题

1. 答:数据库(Data Base,DB),可以直观地理解为存放数据的仓库,是指相互关联的数据集合,它是一组长期存储在计算机的大容量存储器中有组织、可共享、具有明确意义的数据集合。数据库中的数据可共享,数据独立性和扩展性较高,数据冗余度较小。在数据库管理系统的支持下,能够保证数据的安全性和可靠性,允许多个用户并发操作,能及时有效地处理数据,保证了数据的一致性和完整性。

2. 答:根据数据模式的不同,数据库的类型可分为:非关系型数据库系统、关系型数据库系统(RDBS)、对象—关系模型数据系统(ORDBS)、面向对象的数据库。

3. 答:结构化的数据可以用二维表结构来逻辑表达实现的数据,即可以用数据或统一的结构加以表示。

4. 答:非结构化数据即不方便用数据库二维逻辑表来表现的数据,包括所有格式的办公文档、文本、图片、XML、HTML、各类报表、图像和音频/视频信息等。

5. 答:关系型数据库是建立在关系模型基础上的数据库,并借助于集合代数等数学概念和方法来处理数据库中的数据。

6. 答:关系数据库管理系统(Relational Database Management System:RDBMS)是指包括相互联系的逻辑组织和存取这些数据的数据库管理系统软件。关系数据库管理系统就是管理关系数据库,并将数据逻辑组织的系统。常用的关系数据库管理系统产品是Oracle、MySQL 和微软的 SQL Server 等。

7. 答:Oracle 数据库是目前世界上使用最为广泛的数据库管理系统,作为一个通用的数据库系统,它具有完整的数据管理功能;作为一个关系数据库,它是一个完备关系的产品;作为分布式数据库它实现了分布式处理功能。由于 Oracle 良好的跨平台性,只要在一种机型上学习了 Oracle 知识,便能在各种类型的机器上使用它。

8. 答: Oracle 数据库的管理工具包括:

(1) Oracle Universal Installer:安装 Oracle 软件和选件;可以自动启动 Database Configuration Assistant 以创建数据库。

(2) Database Configuration Assistant (DBCA):通过 Oracle 提供的模板创建数据库,可以复制预配置的种子数据库。

(3) Database Upgrade Assistant(DBUA):指导您将现有数据库升级至 Oracle 新版本。

(4) Oracle Net Manager:配置 Oracle DB 与应用程序的网络连接。

(5) Oracle Enterprise Manager(EM):组合了图形控制台、代理、公用服务和多种工具,为管理 Oracle 产品提供了一个集成的综合性系统管理平台。

(6) SQL * Plus:提供用于管理数据库的标准命令行界面。

(7) Recovery Manager(RMAN):一款可以提供完整解决方案的 Oracle 工具,可用于对整个数据库或特定的数据库文件进行备份、还原和恢复。

(8) Oracle Secure Backup:提供针对 Oracle Ecosystem 的磁带备份管理功能。

(9) 数据泵:用于在数据库之间进行高速数据传输。

(10) SQL * Loader:用于将来自外部文件的数据加载到 Oracle DB 中;它是可用于将数据加载到数据库表中的多个 Oracle 实用程序之一。

9. 答:在数据库设计过程中,为了保证数据库的可靠性,需要遵循一定的规则,在关系数据库中,这种规则称之为范式。目前关系数据库存在多种范式:第一范式(1NF)、第二范式(2NF)、第三范式(3NF)、Boyce-Codd 范式(BCNF)、第四范式(4NF)以及第五范式(5NF)等。最基本的要求是满足第一范式,在第一范式的基础上满足特定的要求称为第二范式。

10. 答:结构化查询语言 SQL (STRUCTURED QUERY LANGUAGE)是最重要的关系数据库操作语言,并且它的影响已经超出数据库领域,得到其他领域的重视和采用,如人工智能领域的数据检索,第四代软件开发工具中嵌入 SQL 的语言等。

SQL 的特点包括:

(1) 一体化: SQL 集数据定义 DDL、数据操纵 DML 和数据控制 DCL 于一体。

(2) 两种使用方式:自含语言,独立使用;嵌入使用,嵌入到 C、C++、FORTRAN、COBOL、JAVA 等主语言中使用。

(3) 非过程化:只提操作要求,不必描述操作步骤,也不需要导航。

(4) 语言简洁,语法简单,好学好用:在 ANSI 标准中,只包含了 94 个英文单词,核心功能只用 6 个动词,语法接近英语口语。

11. 答:数据定义语言（Data Definition Language, DDL）是 SQL 语言集中负责数据结构定义与数据库对象定义的语言,由 CREATE、ALTER 与 DROP 三个语法所组成。

数据操纵语言 DML(Data Manipulation Language),用户通过它可以实现对数据库的基本操作。例如,对表中数据的查询、插入、删除和修改。

数据控制语言(DCL)是用来设置或者更改数据库用户或角色权限的语句,这些语句包括 GRANT、DENY、REVOKE 等语句。

12. 答:视图是基于一张表或多张表或另外一个视图的逻辑表,视图不同于表,视图本身不包含任何数据,视图只是一种定义,对应一个查询语句,因此,通过视图做删除数据操作时,如果视图里没有符合条件的数据时,基表的数据依然存在。

13. 答:数据库用户是定义在数据库中的一个名称,它是存取数据库中信息的通道,是 Oracle 数据库的基本访问机制。要访问数据库,用户必须制定有效的数据库用户账号,而且还要根据账户的要求通过验证。每个数据库用户都有自己的数据库账户,每个数据库用户有一系列安全属性。

在数据库中权限可分为两类:系统权限和对象权限。系统权限是指系统规定用户使用数据库的权限(系统权限是对用户而言);对象权限是指某种权限用户对其他用户的表或视图的存取权限(是针对表或视图而言的)。

角色是一组权限的集合,将角色赋给一个用户,这个用户就拥有了这个角色中的所有权限。

14. (1) SQL> select TABLE_NAME from all_tables where owner = 'SCOTT';

(2) SQL> desc dept;

SQL> desc emp;

SQL> desc bonus;

SQL> desc salgrade;

(3) SQL> SELECT ENAME FROM EMP WHERE EMPNO=(SELECT MGR FROM EMP where ENAME='SMITH');

(4) SQL> select ename,grade from emp ,salgrade ,dept where dname='ACCOUNTING' and sal between LOSAL and HISAL and EMP. deptno = DEPT. deptno ;

(5) SQL> SELECT * FROM EMP WHERE SAL = (SELECT MAX(SAL) FROM EMP)。

第四章

一、单项选择题

1. D 2. B 3. D 4. B 5. A 6. B 7. A 8. A 9. B

二、判断题

1. 对 2. 错 3. 对 4. 错 5. 对 6. 对

三、简答题

1. 答:路由器、交换机、集线器、同轴电缆、双绞线等

2. 答:

(1) 单击“网上邻居”;
(2) 单击“属性”;
(3) 右击“本地连接”;
(4) 单击“属性”;
(5) 选择“TCP/IP”;
(6) 点击“属性”;
(7) 选择“自动获的 IP 地址”和“自动获的 DNS 服务器地址”;
(8) 单击“确定”;
(9) 启动“控制面板”;
(10) 单击“管理工具”;
(11) 单击“计算机管理”;
(12) 点开本地用户组前面的“+”号;
(13) 选择“用户”;
(14) 右击“Guest”;
(15) 单击“属性”;
(16) 去掉“帐户已停用”前面的“√”;
(17) 单击“确定”;
(18) 右击“d:\download”文件夹;
(19) 单击“共享”;
(20) 选择“共享该文件夹”;
(21) 单击“权限”;
(22) 去掉完全控制和更改的“√”;
(23) 单击“确定”。

3. 答:由下至上为 1 至 7 层,分别为:

应用层(Application layer);
表示层(Presentation layer);
会话层(Session layer);
传输层(Transport layer);
网络层(Network layer);
数据链路层(Data link layer);
物理层(Physical layer)。

4. 答:

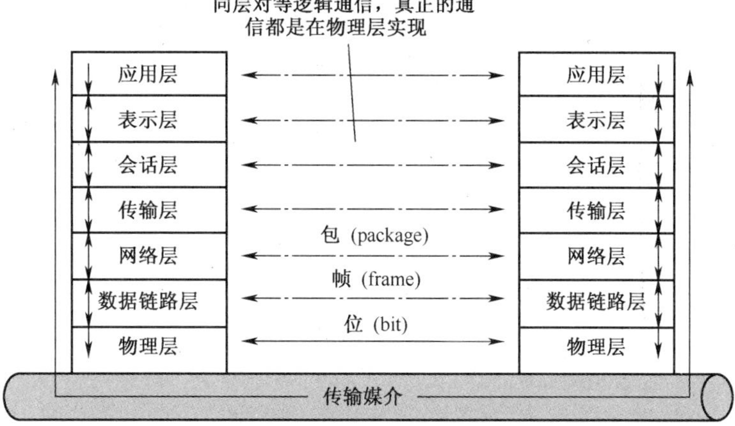

5. 答:网络地址是互联网上的节点在网络中具有的逻辑地址。互联网络是由互相连接的带有连接节点(称为主机和路由器)的 LAN 组成的。每个设备都有一个物理地址连接到具有 MAC 层地址的网络,每个节点都有一个逻辑互联网络地址。因为一个网络地址可以根据逻辑分配给任意一个网络设备,所以又称为逻辑地址。

网络地址通常可分成网络号和主机号两部分,用于标识网络和该网络中的设备。采用不同网络层协议,网络地址的描述是不同的。IP 协议则用 32 位二进制来表示网络地址,一般称为 IP 地址。主机地址:一个 IP 地址的网络部分被称为网络号或者网络地址,主机可以与具有相同的网络号的设备直接通信,在没有连接设备的情况下,即使共享相同的物理网段,网络号不同则无法进行通信,IP 地址的网络地址使路由器可以将分组置于正确的网段上 ,IP 地址网络号后的主机号可以使路由器能够二层帧封装的分组传送到网络上的一台特定的主机,使主机号与 MAC 地址进行正确的映射中的关键问题在于使用子网掩码来确定或者获取远程主机的网络地址信息。网络地址之后的部分为主机地址。

6. 答:地址解析协议(Address Resolution Protocol,ARP)

网络管理协议(Simple Network Management P,SNMP)

边界网关协议-版本 4(Border Gateway Protocol Vertion 4,BGP4)

动态主机配置协议(Dynamic Host Configuration Protocol,DHCP)

文件传输协议(File Transfer Protocol,FTP)

高层数据链路协议(High-Level Data Link Control,HDLC)

超文本传输协议-版本 1. 1(Hypertext Transfer Protocol Vertion 1. 1,HTTP1. 1)　安全超文本传输协议(Secure Hypertext Transfer Protocol,HTTPS)

互联网控制信息协议(Internet Control Message Protocol,ICMP)

Internet 协议-版本 6(Internet Protocol Version 6,IPv6)

开放最短路优先(Open Shortest Path First,OSPF)

邮局协议-版本 3(Post Office Protocol Version 3,POP3)

点对点协议(Point to Point Protocol,PPP)

路由信息协议(Routing Infomation Protocol,RIP)

简单邮件传送协议(Simple Mail Transfer Protocol,SMTP)

传输控制协议/互联网协议(Transmission Control Protocol/Internet Protocol,TCP/IP)
虚拟终端协议(TELNET Protocol)
时间协议(Time Protocol)
小文件传输协议(Trivial File Transfer Protocol,TFTP)
用户数据报协(User Datagram Protocol,UDP)

第五章

一、填空题

1. 人、财、物、信息和时间

2. 非法访问、植入破坏性软件、实施电子攻击、展开心理战和散布虚假信息、进行军事欺骗和误导

3. 信息加密技术

二、简答题

1. 答:(1) 非法访问。即以非合理、正规方式获取对方军事信息系统的信息或篡改其数据,或者利用对方信息网络和系统自身漏洞实施电子引诱(如特洛伊木马等),获取对方关键信息,或者对重要系统数据实施篡改。

(2) 植入破坏性软件。在对方信息系统中植入病毒程序,或"逻辑炸弹",瘫痪计算机软硬件系统。

(3) 实施电子攻击。通过电子干扰、压制等手段,摧毁敌方信息系统。

(4) 展开心理战。通过多种媒体手段,以声音、图像和文字等多种形式,向对方展开心理战。

(5) 散布虚假信息,进行军事欺骗和误导。

2. 答:军事信息系统的安全有五个基本要素,即需保证信息的保密性、真实性、完整性、可用性、不可否认性。

(1) 保密性。实现军事信息系统保密要求的常用手段是加密数据,即敏感数据和信息不能让未授权的用户可见或识别,也要阻止授权者将其访问的信息传递给非授权者。

(2) 真实性。判断、鉴别军事信息系统的来源数据和信息。

(3) 完整性。保障数据内容完整无篡改,使信息保持原始的状态,使信息保持其真实性。

(4) 可用性。可用性是在信息网络化过程必须满足的一项基本信息安全要求,也是指授权主体在需要信息时能及时得到服务的能力。

(5) 不可否认性。指在网络环境中,信息交换的双方不能否认其在交换过程中发送信息或接收信息的行为。

3. 答:VPN 技术保证在一个防火墙和另一个防火墙之间的所有的通信都是加密的,在不同的网络远程通信的过程中,一方发出的信息经过加密嵌入到一个网络协议软件包中,并且通过互联网发送,接收方防火墙从网络协议软件包中提取加密的信息,并进行解密得到原文。

4. 答:所谓信息加密技术是采用数学方法对原始信息进行再组织,使其以密文方式进行传输和存储的技术。发送方利用密钥经过特殊的运算,将原有的数据转换成一种不可读的格式,而接收方使用相同的密钥,经过逆运算将数据恢复成原状。于是,加密后在网络上公开传输的内容对于非法的接收者来说就成为无用的文字,而对于合法的接受者,可以通过解密过程得到原始的信息。

5. 答:安全认证技术是为了满足信息系统的安全性要求而采取的一种常用的、必须的安全技术。主要包括数字摘要(Digital Digest)、数字信封(Digital Envelop)、数字签名(Digital Signature)、数字时间戳(Digital Time－stamp)、数字证书(Digital Certificate)等技术。

6. 答:访问控制是通过某种途径显式的允许或者限制主体对客体访问能力及范围的一种方法。它通过限制对资源的访问,防止非法用户的入侵,从而保护系统资源受控地、合法地使用。在访问控制模型中一般包括三个要素,分别为主体、客体和权限。

7. 灾难备份系统的主要技术有两种。

一种技术是:采用硬件进行远程数据复制,存储工程师称为硬件复制技术。这种技术的提供者是一些存储设备厂商。数据的复制完全通过专用线路实现物理存储设备之间的交换。

另一种技术是:采用软件系统实现远程的实时数据复制,并且实现远程的全程高可用体系(远程监控和切换)。

第六章

一、填空题

1. 制定、发布、实施标准

2. “质量第一”、科研、生产、使用、国情、军情

3. 先进性、实用性、经济性

4. “军民结合、军民通用”

二、单项选择题

1. D　2. A　3. D

三、简答题

1. 答:标准化是指在经济、技术科学及管理等社会实践中,对重复性事物和概念通过制定、发布和实施标准,达到统一,以获得最佳秩序和社会效益的活动。它包括制定、发布及实施标准的过程。

2. 答:军用标准化应当认真贯彻“质量第一”的方针,坚持科研、生产、使用相结合的原则,坚持结合我国国情、军情,认真研究、区别对待,积极采用国际标准和国外先进标准的原则。

3. 答:对标准的管理包括对标准规划、计划的管理,对标准制定、修订、审批、颁布、贯彻、实施和实施过程中的监督检查,以及对标准化理论、技术的研究等。

4. 答:标准化是军事信息系统建设中一项重要的基础工作,对保证军事信息系统的技术水平、质量水平和系统效益的发挥等都具有重大意义。(结合自己的理解)

第七章

一、填空题

1. 信息的概念、理论、技术

2. 普遍性、无限性、依附性、感知性、可传递性、可加工性、可共享性、时效性、价值相对性、可伪性

3. 文本信息采集、图像信息采集、音频信息采集、视频信息采集

4. 信息采集、信息转换、信息分组、信息组织、信息计算、信息存储、信息检索、信息排序

二、单项选择题

1. C 2. D

第八章

一、填空题

1. 性能、效能和经济性

2. 准确度指标

3. 基于排序加权的评价指标

4. 覆盖率指标

5. 系统的观点、满意的观点以及目标和准则的观点

二、单项选择题

1. D 2. D 3. B 4. D

三、简答题

略

第九章

一、填空题

1. 用户支持

2. 用户咨询、帮助服务台、人员培训服务

二、单项选择题

1. D 2. A